MIX
Papier aus verantwortungsvollen Quellen
Paper from responsible sources
FSC® C105338

Felix Kasten

Thermodynamik rund um das Haus

Ein Überblick über chemisch-technische
Aspekte des energieeffizienten Bauens

Kasten, Felix: Thermodynamik rund um das Haus: Ein Überblick über chemisch-technische Aspekte des energieeffizienten Bauens, Hamburg, disserta Verlag, 2013

Buch-ISBN: 978-3-95425-238-1
PDF-eBook-ISBN: 978-3-95425-239-8
Druck/Herstellung: disserta Verlag, Hamburg, 2013
Covermotiv: © Uladzimir Bakunovich – Fotolia.com

Bibliografische Information der Deutschen Nationalbibliothek:
Die Deutsche Nationalbibliothek verzeichnet diese Publikation in der Deutschen Nationalbibliografie; detaillierte bibliografische Daten sind im Internet über http://dnb.d-nb.de abrufbar.

Das Werk einschließlich aller seiner Teile ist urheberrechtlich geschützt. Jede Verwertung außerhalb der Grenzen des Urheberrechtsgesetzes ist ohne Zustimmung des Verlages unzulässig und strafbar. Dies gilt insbesondere für Vervielfältigungen, Übersetzungen, Mikroverfilmungen und die Einspeicherung und Bearbeitung in elektronischen Systemen.

Die Wiedergabe von Gebrauchsnamen, Handelsnamen, Warenbezeichnungen usw. in diesem Werk berechtigt auch ohne besondere Kennzeichnung nicht zu der Annahme, dass solche Namen im Sinne der Warenzeichen- und Markenschutz-Gesetzgebung als frei zu betrachten wären und daher von jedermann benutzt werden dürften.

Die Informationen in diesem Werk wurden mit Sorgfalt erarbeitet. Dennoch können Fehler nicht vollständig ausgeschlossen werden und die Diplomica Verlag GmbH, die Autoren oder Übersetzer übernehmen keine juristische Verantwortung oder irgendeine Haftung für evtl. verbliebene fehlerhafte Angaben und deren Folgen.

Alle Rechte vorbehalten

© disserta Verlag, Imprint der Diplomica Verlag GmbH
Hermannstal 119k, 22119 Hamburg
http://www.disserta-verlag.de, Hamburg 2013
Printed in Germany

Inhaltsverzeichnis

1. Einleitung 9

2. Grundlegende Begriffsbildung 10
   2.1. Thermodynamische Systeme 10
   2.2. Zustandsgrößen 11
   2.3. Prozesse in thermodynamischen Systemen 12
   2.4. Energie 13
      2.4.1. Bindungsenergie 14
      2.4.2. Thermische Energie 15
      2.4.3. Strahlungsenergie 15
   2.5. Hauptsätze der Thermodynamik 16
      2.5.1. Nullter Hauptsatz der Thermodynamik 16
      2.5.2. Erster Hauptsatz der Thermodynamik 16
      2.5.3. Zweiter Hauptsatz der Thermodynamik 19
      2.5.4. Dritter Hauptsatz der Thermodynamik 20
   2.6. Bedeutung des Energiesparens 20
      2.6.1. Energiesparhäuser 23
         2.6.1.1. Niedrigenergiehaus/Niedrigstenergiehaus 24
         2.6.1.2. Passivhaus 24
         2.6.1.3. Nullenergiehaus 24
         2.6.1.4. Plusenergiehaus 25
         2.6.1.5. Zusammenfassung 25

3. Energieeintrag 26
   3.1. Wärmepumpen 26
      3.1.1. Theoretische Grundlagen 27
         3.1.1.1. Kreisprozesse 27
            3.1.1.1.1. Realer Clausius- Rankine- Prozess 32
      3.1.2. Bauarten und Funktionsweise der Wärmepepumpen – reale Kreisprozesse 38
         3.1.2.1. Kompressionswärmepumpen 38
         3.1.2.2. Absorptionswärmepumpen 40
         3.1.2.3. Adsorptionswärmepumpen 42

3.1.3. Kältemittel 43
   3.1.3.1. R134a 49
   3.1.3.2. R407C 50
   3.1.3.3. R410A 51
   3.1.3.4. „natürliche" und weitere Kältemittel 51
3.1.4. Wärmepumpen in der Anwendung 52
   3.1.4.1. Luft als Energiequelle 52
   3.1.4.2. Erdreich als Energiequelle 52
   3.1.4.3. Wasser als Energiequelle 54
   3.1.4.4. Eisheizung – Heizen mit Eis? – Eis als Energiequelle 55

4. Energiespeicherung 57
4.1. Speicherung thermischer Energie 58
   4.1.1. Sensible Wärmespeicherung 61
      4.1.1.1. Sensible Wärme 61
      4.1.1.2. Wärmekapazität 62
      4.1.1.3. Sensible Wärmespeicher 66
   4.1.2. Latente Wärmespeicherung 69
      4.1.2.1. Latente Wärme 69
      4.1.2.2. Anforderungen an PCMs 71
      4.1.2.3. Speicher für latente Wärme 73
         4.1.2.3.1. Organische PCMs 74
         4.1.2.3.2. Salzhydrate 75
         4.1.2.3.3. PCMs in der Anwendung 79
   4.1.3. Thermochemische Speicherung 83
      4.1.3.1. Silicagel 83
      4.1.3.2. Zeolith 86
      4.1.3.3. Aktivkohle 87
      4.1.3.4. Sorptionswärmespeicher 88
      4.1.3.5. Metallhydridspeicher 89
      4.1.3.6. Salzhydrate 90
      4.1.3.7. Weitere chemische Reaktionen 90
      4.1.3.8. Thermochemische Speicher in der Anwendung 91
   4.1.4. Zusammenfassung 93

5. Energieaustrag 94
5.1. Wärmedämmung 94
5.1.1. Grundlegender Sachverhalt 94
5.1.2. Opake Wärmedämmung 97
5.1.3. Transparente Wärmedämmung 101
5.1.4. Gewöhnliche Fenster und optisch schaltbare Fenster 102
5.1.4.1. Glas 103
5.1.4.1.1. Elektrochrome Gläser 107
5.1.4.1.2. Thermochrome und thermotrope Gläser 110
5.1.4.1.3. Photochrome und phototrope Gläser 111
5.1.4.1.4. Gasochrome Gläser 112
5.2. Technologien für die Lüftung 113
5.2.1. Lüftung mit geöffneten Fenstern 114
5.2.2. Lüftungsanlagen bei Luftdichtheit des Gebäudes 116
5.2.2.1. Wärmetauscher 117
5.2.2.1.1. Luft- Luft- Wärmetauscher 118
5.2.2.1.2. Erd– Luft- Wärmetauscher 120

6. Fachdidaktische Aspekte dieser Thematik 122

7. Fazit und Ausblick 129

Anhang 131
A1: Dampfdruckwerte für Kältemittel im gesättigten Zustand 131
A2: Kenndaten wichtiger Kältemittel 132
A3: Physikalische Größen ausgewählter Stoffe 133
A4: Kennwerte transparenter Wärmedämmmaterialien 134
A5: Auflistung von Versuchen für den naturwissenschaftlichen Unterricht 135

Literaturverzeichnis 142

Vorwort

Dieses Buch will allen Interessierten einen Überblick über die chemisch- technischen Aspekte rund um das energieeffiziente Haus geben. Dabei beschäftigt sich dieses Buch mit drei wesentlichen Fragen: Wie gelangt Wärmeenergie umweltschonend in das Haus? Wie kann man überflüssig in das Haus eingebrachte Energie für spätere Nutzung speichern und wie kann man einen möglichst geringen Energieverlust erreichen? Bei der Betrachtung des Energieeintrages erkennt man leicht, dass die Wärmepumpen einen wesentlichen Mittler zwischen äußerer Energiequelle und Energieeintrag in das Haus darstellen. Der Energieeintrag ist aber mit Überlegungen zur Energiespeicherung, insbesondere zur Wämespeicherung, verbunden. Weshalb auch diese in diesem Buch aufgeführt ist. In logischer Konsequenz stellt sich die Frage nach dem Energieverlust. Daher wurde der Energieaustrag ebenfalls als wesentlicher Bestandteil dieses Buches erhoben.

Unter dem Aspekt des Wohnhauses sollen anhand dieses Überblicks wesentliche chemisch-technische Aspekte des energieffizienten Bauens deutlich werden.

Eine Überarbeitung der ursprünglichen Version dieses Buches ermöglichte Herr Prof. Dr. rer. nat. Alfred Flint der Universität Rostock mit seinen kritischen und hilfreichen Anmerkungen. Auf diesem Wege möchte ich mich für das hilfreiche Gutachten bedanken.

Weiterhin bedanke ich mich bei meiner Verlobten für die tatkräftige Unterstützung bei der sprachlichen Gestaltung des Buches.

Hansedstadt Rostock, Juli 2013   F. K. Kasten

1. Einleitung

Das Klima unseres Planeten ist ein empfindliches und sich stets veränderndes System, in das der Mensch zunehmend eingreift. Die anthropogenen Umweltbelastungen führen zu starken Klimaveränderungen, die den Menschen vermehrt schaden. Um dem entgegen zu wirken, kommt es zu Beratungen zwischen Staatsoberhäuptern verschiedenster Länder. Die Umweltpolitik soll entsprechend den Beschlüssen in den Umweltgipfeln vorangetrieben werden. So entstehen in Deutschland zum Beispiel Energiesparverordnungen, infolge deren die Eigenheimbauer auf eine Energieversorgung zurückgreifen sollen, die auf regenerativer Energieerzeugung basiert [vgl. 22]. In diesem Sinne werden häufig Energiesparhäuser (Passiv-, Niedrigenergie-, Nullenergie-, Plusenergiehäuser) thematisiert [vgl. 52]. Diese sind durch einen möglichst niedrigen Energieverbrauch, zumeist durch Nutzung regenerativer Energiequellen, charakterisiert.

Doch nicht nur innerhalb der Umweltpolitik sind die Energiesparhäuser von Bedeutung. Durch die mediale Aufarbeitung dieser Thematik [vgl. 55, 143] zeigt sich, dass auch in der breiten Bevölkerung Interesse an Energiesparhäusern besteht. Es wird allerdings wenig darauf eingegangen, wie man Energie überhaupt sparen und so die Umwelt schonen kann. Manchmal werden Technologien, wie Wärmepumpen, Solaranlagen und Windkrafträder, genannt, ohne aber auf die genauen Funktionsweisen dieser einzugehen.

Die vorliegende Studie soll einen Überblick über die verschiedensten Maßnahmen zum Energiesparen im Wohnhaus schaffen. Dabei wird der Fokus auf die chemisch-technischen Grundlagen gelegt. So werden in diesem Buch aktuelle Tendenzen bzw. Technologien zum energieeffizienten Bauen gegeben. In Abgrenzung zur Staatsexamensarbeit von Hanna Maier an der Universität Rostock [vgl. 71], in der es um die Geo- und Solarthermie am Beispiel von einem Wohnhaus geht, wird gezeigt, dass die Chemie ebenso wie die Physik für diese Thematik von Bedeutung ist. Dafür werden zunächst grundlegende Begriffe der Thermodynamik und des Energiesparens erläutert. Dabei wird herausgearbeitet, dass der Energieeintrag, die Energiespeicherung und der Energieaustrag von zentralem Interesse sind, weshalb diese Aspekte in den darauf folgenden Kapiteln genauer untersucht werden. Daran anschließend soll die Frage erläutert werden, ob sich dieser Kontext für den Chemieunterricht als geeignet herausstellt, bestimmte Inhalte der physikalischen Chemie zu erarbeiten. Abschließend wird innerhalb des Fazits ein Ausblick auf aktuelle Forschungsschwerpunkte und mögliche Folgeuntersuchungen gegeben.

2. Grundlegende Begriffsbildung

Dieses Kapitel dient der Definition grundlegender Begriffe, die für das Verständnis der folgenden Kapitel notwendig sind. Die Begriffe sollen nicht in jeder Einzelheit erklärt werden, da solch ein Vorgehen den Rahmen dieses Buches deutlich übersteigen würde. Stattdessen wird für den theoretischen Teil auf die angegebene Literatur verwiesen und eher der Fokus auf die Interpretation im Bezug zum eigentlichen Gegenstand, dem Haus, gelegt.

2.1. Thermodynamische Systeme

„Einen abgegrenzten Bereich unserer Umwelt nennt man ein System. Das System ist von der Umgebung entweder durch eine gedachte Grenze oder durch einen materiellen Gegenstand getrennt. Man spricht von der Systemgrenze" [158, S. 13]. Die Systemgrenzen trennen das System bzw. das Innere eines Systems von seiner Umgebung. Ein Raum oder ein Wohnhaus ist ein Bereich, der von seiner Umgebung durch Wände, Fenster und Türen abgegrenzt ist, und in dem man zum Beispiel die Temperatur beobachtet. Die thermodynamischen Systeme kann man bezüglich bestimmter Charakteristika klassifizieren. Man kann bspw. eine Gliederung nach Wechselwirkungen zwischen Umgebung und System über die Systemgrenze [vgl. 24, S. 10] vornehmen.

So bezeichnet man Systeme, in denen die Stoffmenge n konstant bleibt, aber Energie in Form von Wärme bspw. in das System hineingeführt oder über die Systemgrenzen abgeführt werden kann, als ein geschlossenes System. Ist neben der Stoffübertragung auch eine Energieübertragung nicht möglich, so nutzt man den Begriff des abgeschlossenen Systems. Demgegenüber stehen offene und halboffene Systeme. Bei Ersterem kann ein beliebiger Stoff- und Energieaustausch mit der Umgebung stattfinden. In halboffenen Systemen hingegen führt entweder ein Stoffstrom aus dem System oder ein Stoffstrom in das System [vgl. 24, S. 10f.]. Für eine Veranschaulichung ist folgende Abbildung angeführt:

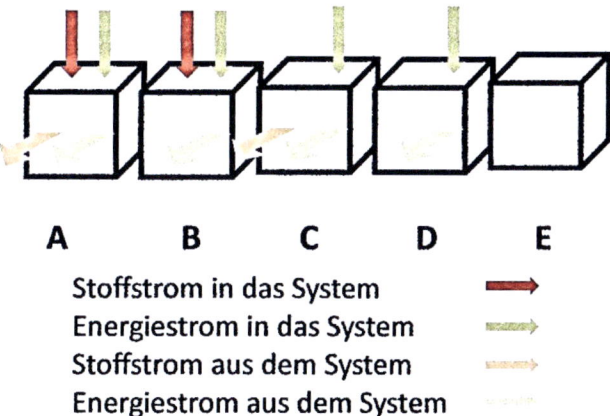

Abbildung 01:
Veranschaulichung des thermodynamischen Systembegriffes: **A: offenes System;
B und C: halboffene Systeme;   D: geschlossenes System;   E: abgeschlossenes System**

So sind ein offener Kühlschrank oder ein Raum mit geöffneten Fenstern und Türen offene Systeme. Geschlossene Systeme liegen vor, wenn man die Systemgrenzen verschließt, also die Türen und Fenster eines Raumes schließt. Allerdings sorgt ein Fenster in der Regel für eine gewisse Luftzirkulation, weshalb dies eine Vereinfachung darstellt. Abgeschlossene Systeme findet man im Alltag nicht, da sie idealisierte Systeme sind. Näherungsweise kann man solch einen Zustand zum Beispiel mit einer geschlossenen Thermoskanne oder einem Raum mit einer sehr guten Wärmeisolierung erreichen (siehe dazu Kapitel 5).

Eine weitere Einteilungsmöglichkeit bietet die Betrachtung der Eigenschaften der im System befindlichen Stoffe [vgl. 24, S. 10], diese ist für dieses Buch aber nicht relevant und wird daher nicht weiter ausgeführt.

2.2. Zustandsgrößen

In der Thermodynamik gibt es eine Vielzahl von Zustandsgrößen für die Beschreibung des Zustandes eines Systems. Diese nehmen stets wieder denselben Wert an, *„wenn der Zustand des Systems wieder der gleiche ist"* [21, S. 4]. Der Druck p, die absolute Temperatur T, das Volumen V, die Teilchenzahl N bzw. die Stoffmenge n, die innere Energie U, die Enthalpie H und die Entropie S sind solche Zustandsgrößen. Befindet sich ein System in einem thermodynamischen Gleichgewicht, so bleiben diese Größen konstant.

Die Zustandsgrößen werden in intensive und extensive Größen unterteilt. Intensive Zustandsgrößen sind von der Stoffmenge unabhängig, also bspw. Druck und Temperatur. Extensive Zustandsgrößen sind von der Stoffmenge abhängig, wie bspw. die Teilchenzahl und das Volumen [vgl. 24, S. 15].
Spezifische Zustandsgrößen weisen einen Bezug zur Masse der betrachteten Stoffmenge auf. Dabei wird zumeist eine Normierung auf 1 kg vorgenommen. Bei molaren Zustandsgrößen findet eine Normierung auf 1 Mol statt. Diverse Experimente und auch die Gibbssche Phasenregel zeigen, dass Zustandsgrößen unabhängig voneinander geändert werden können. Einen Zusammenhang, sowohl inhaltlich als auch mathematisch, zwischen den Zustandsgrößen wird durch Zustandsgleichungen beschrieben. Viele reale Systeme können aber durch diese nicht beschrieben, sondern nur approximiert werden, da zwischen den einzelnen Beziehungen oft kein mathematischer Zusammenhang gefunden werden kann. Als Beispiel dafür dient die Zustandsgleichung für ideale Gase. Das Verhalten realer Gase kann zum Beispiel über Van–der–Waals–Gleichungen abgeschätzt und verallgemeinert werden. Zustandsfunktionen, wie die innere Energie oder die Enthalpie eines Systems, sind aus den grundlegenden Zustandsgrößen abgeleitet, also auch wegunabhängig.
Den Zustandsgrößen stehen die Prozessgrößen gegenüber. Diese sind nicht wegunabhängig. Prozessgrößen treten bei Zustandsänderungen auf. Für diese Größen ist es wichtig, auf welchem Weg der Ausgangszustand zum Endzustand überführt wird. Ein thermodynamisches System erfährt durch Zufuhr oder Abfuhr von Energie eine Änderung des Zustands. Dabei wird Arbeit verrichtet und Wärme ausgetauscht. Arbeit und Wärme sind also Prozessgrößen.

2.3. Prozesse in thermodynamischen Systemen

Durch eine thermische oder mechanische Einwirkung über eine Systemgrenze hinweg wird ein Prozess ausgelöst. Dies führt zur Veränderungen des Systemzustandes [vgl. 24, S. 49]. Die vollständige Beschreibung eines thermodynamischen Vorgangs erfordert Angaben über die Wechselwirkungen zwischen System und Umgebung sowie über die Zustandsänderung des Systems [vgl. 24, S. 46]. Der Begriff der Zustandsänderung und der des Prozesses werden fälschlicherweise oft synonym verwendet. Während der Prozess das Geschehen genauer beschreibt, meint die Zustandsänderung nur einen Teil des Prozesses bzw. des Geschehens [vgl. 21, S. 7]. So können zum Beispiel Energiegrößen, wie Wärme oder Arbeit, nicht durch Zustandsgrößen beschrieben werden. Dafür ist die Kenntnis des Prozessablaufes notwendig. Energiegrößen werden daher auch als Prozessgrößen bezeichnet, denn sie sind wegabhängig. Generell laufen alle natürlichen Vorgänge in eine Richtung ab, es kann jedoch durch äußere Einwirkungen eine Umkehrung realisiert werden [vgl. 24, S. 47]. Dies führt zu der Unterteilung von thermodynamischen Vorgängen in reversible, also umkehrbare, und irreversible, also nicht umkehrbare, Prozesse.

Vorgänge, die von einem Ungleichgewichtszustand zu einem Gleichgewichtszustand führen, bezeichnet man als irreversibel. Als Beispiele dienen das Joule- Experiment zur freien Expansion und die Wärmeleitung innerhalb eines Raumes. Demgegenüber stehen die reversiblen Prozesse. Diese sind dadurch charakterisiert, dass *„nach ihrem Ablauf sowohl das betrachtete thermodynamische System als auch seine Umgebung genau wieder in den Ausgangszustand überführt werden können"* [24, S. 47]. Jedoch sind reversible Prozesse eine Idealisierung, denn die erforderliche äußere Einwirkung zieht stets eine Veränderung in der Umgebung nach sich [vgl. 24, S. 47f.].

2.4. Energie

Die Energie ist in der Technik eine fundamentale, physikalische Größe. Sie wird für jede Bewegung, jedes Erwärmen, jeden elektrischen Stromfluss und jegliches Leben benötigt. *„Allgemein ist Energie die Fähigkeit eines Systems, äußere Wirkungen hervorzubringen, wie zum Beispiel eine Kraft entlang einer Strecke zu wirken. Durch Zufuhr oder Abgabe von Arbeit kann die Energie eines Körpers verändert werden"* [108, S. 13]. Dies besagt, dass die Energie die Fähigkeit eines Systems beschreibt, Arbeit zu leisten. Ein Objekt besitzt also Energie, wenn es in der Lage ist, an einem anderen Objekt Arbeit zu verrichten und/oder an ein anderes Objekt Wärme zu übertragen [vgl. 158, S. 13]. Somit stellen sich die Arbeit und die Wärme als Grundformen der Energie heraus [vgl. 1, S. 230].

Insbesondere die Gesamtenergie eines abgeschlossenen Systems kann weder vermindert noch erhöht werden. Diese Aussage findet sich im Energieerhaltungssatz (vgl. Kapitel 2.) wieder. Man kann die Energie in Energiearten bzw. -formen unterteilen. Energiearten sind Oberbegriffe für Energieformen. Energieformen, die direkt in der Natur vorkommen, bspw. in Kohle und Erdöl, werden unter dem Begriff der Primärenergie zusammengefasst. Durch Energieumwandlung über mehrere Schritte, wie bei einem Kraftwerk, entsteht dann die Sekundärenergie. Diese wird wiederum in von Menschen nutzbare Energieformen umgewandelt, den sogenannten Nutzenergien.

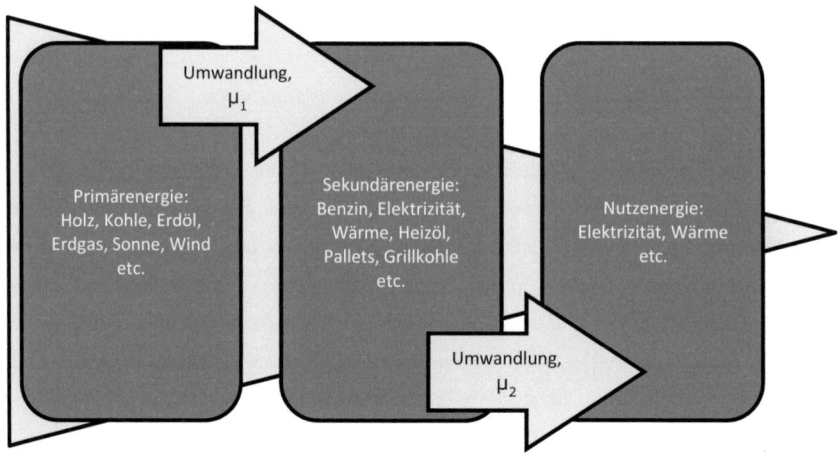

Abbildung 02: Veranschaulichung der Energiearten, μ_i, für i = 1,2 sind entsprechende Wirkungsgrade

In diesem Buch werden nur bestimmte Energieformen betrachtet. Dafür ist es zwingend notwendig, auch auf diese Einteilung einzugehen. Dabei wird die Gliederung nach Volker Quaschning [vgl. 108, S. 13] in mechanische, magnetische, elektrische, thermische sowie Bindungs- und Strahlungsenergie übernommen. Die mechanischen, magnetischen und elektrischen Energieformen sind für diese Studie nicht relevant. Die Bindungs- und die Strahlungsenergie sowie die thermische Energie werden hingegen im Folgenden kurz erläutert.

2.4.1. Bindungsenergie

Der Begriff der Bindungsenergie steht für die chemische Energie und die Kernenergie. Oft wird auch die Energie die bei Bindungsbruch frei wird oder bei Bindungsaufbau aufgewendet werden muss, als Bindungsenergie bezeichnet [vgl. 2].
Die chemische Energie, ist diejenige Energie, die in den Bindungen von Atomen und Molekülen gespeichert ist. Sie wird bei exothermen Reaktionen frei und muss für endotherme Reaktionen hinzugefügt werden. Diese Energieform ist in allen Brennstoffen und Nahrungsmitteln enthalten [vgl. ebd.].
Die Kernenergie bezeichnet hingegen die Bindung von Neutronen und Protonen innerhalb des Atomkerns. Bei der Nutzung der Atomenergie kommt es im Gegensatz zu allen anderen Energieformen zu Reaktionen der Atomkerne, wodurch enorme Energiemengen

frei werden können [ebd.]. Die Energiedichte ist also sehr hoch [vgl. 104, S. 138]. Die Kernspaltung und die Kernfusion sind dabei wichtige Begriffe.

Die Strahlung der Sonne entsteht zum Beispiel durch Kernreaktionen (Kernfusion) auf der Sonne. Auf die Strahlungsenergie wird im Kapitel 2.4.3. noch genauer eingegangen.

2.4.2. Thermische Energie

Die thermische Energie ist die in dieser Studie wohl bedeutsamste Energieform. Sie umfasst die potentiellen und kinetischen Energien aller Teilchen einer Stoffmenge. Die Wärme ist also in der Bewegung der Moleküle oder Atome eines Stoffes gespeichert. Man unterscheidet dabei klar die Wärme von der Temperatur. Die Wärme ist die Energie, die man einer Stoffmenge zufügen muss, um ihn auf eine bestimmte Temperatur zu bringen [vgl. 21, S. 19]. Die Wärme ist eine durch eine Temperaturdifferenz erzeugte Energieform und wird von einem Ort höherer Temperatur zu einem Ort niedriger Temperatur übertragen [1, S. 236]. Erwärmt man bspw. einen Raum, so erwärmt sich die in ihm befindliche Luft. Je wärmer die Luft wird, desto schneller bewegen sich die Stickstoff- und Sauerstoffmoleküle etc. im Raum. Die in dem Zimmer befindlichen Stoffe, wie das Mobiliar, werden dabei auch erwärmt. Die Wärme gibt die Stärke der Bewegungen der enthaltenen Atome an. Eine Zufuhr von Wärme steigert die mittlere kinetische Energie der Teilchen und damit erhöht sich auch die thermische Energie. Daraus resultiert ein Ansteigen der Temperatur. Eine Abfuhr von Wärme würde die thermische Energie verringern und infolgedessen auch die Temperatur.

Die thermische Energie ergibt sich aus

$$E_{thermisch} = m\ c\ T.$$

Dabei beschreibt c die spezifische Wärmekapazität, m die Masse des betrachteten Stoffes und T die absolute Temperatur [vgl. 1, S. 238]. Den größten Speicher thermischer Energie stellt nach dieser Gleichung das Wasser der Weltmeere dar. Diese gespeicherte Energie kann aber nur unter enormem Aufwand global zugänglich gemacht werden. Daher greift man auf die Strahlungsenergie zurück, die für die Wärme der Weeltmeere sorgt.

2.4.3. Strahlungsenergie

Die Strahlungsenergie ist eine Energieform, die nicht an Materie gebunden ist. Die in der Strahlung enthaltene Energie hängt von der Wellenlänge ab. Je größer die Wellenlänge ist, desto niedriger ist die Energie, die in einem Strahlungsquantum enthalten ist. Dabei existieren viele Arten von Strahlung: Gammastrahlung, Röntgenstrahlung, UV-Strahlung, Sichtbares Licht, Infrarotstrahlung, Mikrowellen, UKW-Wellen u.a.. Die Anwendungsgebiete sind dabei sehr vielseitig.

Die Strahlungsenergie der Sonne ist die Energieform, die in großen Mengen von außen auf die Erde einströmt [vgl. 108, S. 50]. Die Menge der Energie pro Quadratmeter, also die sogenannte Energiedichte, ist allerdings relativ gering [vgl. 104, S. 138]. Aus der Sonnenenergie entstehen durch Umwandlung alle anderen regenerativen Energieformen, mit Ausnahme der geothermischen Energie, und sogar die fossilen Energieträger. Das Auftreten der Sonnenenergie auf der Erde ist allerdings insbesondere in Deutschland stark vom Wetter, von der Tages- und Jahreszeit abhängig [vgl. 108, S. 36 ff.].

2.5. Hauptsätze der Thermodynamik

Die Hauptsätze der Thermodynamik werden im Folgenden wegen ihrer essentiellen Bedeutung für dieses Buch kurz beschrieben. Dabei wird ein Bezug zu einem Haus oder einem Zimmer hergestellt.

2.5.1. Nullter Hauptsatz der Thermodynamik

Der 0. Hauptsatz der Thermodynamik ist das Gesetz des thermischen Gleichgewichts. Es besagt, dass wenn das System A sich mit dem System B in einem thermischen Gleichgewicht befindet und das System B wiederum in einem thermischen Gleichgewichtszustand mit dem System C befindlich ist, dass dann das System A auch mit dem System C im thermischen Gleichgewicht stehen muss [vgl. 24, S.30]. Zum Beispiel ist eine Wohnung in der ersten Etage eines Dreigeschosigen Hauses im thermodynamischen Gleichgewicht mit der darüber befindlichen Wohnung. Diese Wohnung wäre wiederum im Gleichgewicht mit der Wohnung in der dritten Etage. Dann resultiert auch ein thermodynamisches Gleichgewicht zwischen der untersten und der obersten Wohnung.

2.5.2. Erster Hauptsatz der Thermodynamik

Der erste Hauptsatz der Thermodynamik beschreibt eine Form des Energieerhaltungssatzes. Die Erhaltung der Energie ist aus der klassischen Mechanik hervorgegangen. Dabei bleibt die Summe der potentiellen und kinetischen Energie, sofern das System einem konstanten Gravitationsfeld unterworfen ist, unverändert. Die Erweiterung auf andere

Erscheinungsformen der Energie, wie die innere Energie und die Wärme, erfolgte durch Robert Mayer, James Prescott Joule und Hermann Ludwig Ferdinand von Helmholtz [vgl. 24, S.50]. Dies führt zur Beschreibung der Wärme, der Arbeit und der inneren Energie.
Die Wärme Q bezeichnet die thermische Energie, die über eine Systemgrenze hinweg transportiert wird. Diese ergibt sich wie oben beschrieben aus

$$\Delta Q = m \ c \ \Delta T.$$

Die Wärmekapazität c ist charakteristisch für den jeweiligen Stoff und hängt von der Stoffmenge ab. Die spezifische Wärmekapazität gibt an, wie viel Wärme von einem Gramm oder einem Kilogramm eines Stoffes aufgenommen wird, damit sich die Temperatur um 1 K ändert, also ergibt sich als Einheit für die Wärmekapazität $J\ K^{-1}\ g^{-1}$ bzw. $kJ\ K^{-1}\ kg^{-1}$.

Die Arbeit W wird geleistet, wenn zum Beispiel ein Gewicht entgegen der Schwerkraft emporgehoben wird. Auch die chemische Reaktion einer Batterie verrichtet Arbeit, wenn die Elektronen im Stromkreislauf „wandern" [vgl. 1, S. 231]. Wirkt eine Kraft auf ein Molekül und verschiebt dessen Lage, so wird ebenfalls am Teilchen Arbeit verrichtet. Ein System kann also Arbeit leisten oder es wird an einem System Arbeit verrichtet. Allerdings kann Arbeit nicht dem System entzogen oder hinzugeführt werden [vgl. 21, S. 12].

Die *Volumenänderungsarbeit* W_V verändert das Gasvolumen einer bestimmten Gasmenge. Betrachtet man zum Beispiel ein System aus mit einem Kolben verschlossenen Zylinder, so übt das enthaltene Gas einen bestimmten Druck auf den Kolben von innen aus, ebenso übt auch der Umgebungsdruck eine Kraft auf den Kolben von außen aus. Die auf den Kolben ausgeübten Kräfte befinden sich im Gleichgewicht, das heißt der Kolben bewegt sich nicht. Um das Gas zu komprimieren oder zu expandieren, muss der Kolben entlang eines Weges verschoben werden. Die einwirkende Kraft verrichtet die folgende Arbeit:

$$d\ W_V = F\ ds.$$

Die Kraft, die entlang des Weges wirkt, ist durch den Druck, der auf die Fläche des Kolbens wirkt, beschreibbar. So erhält man für die Volumenänderungsarbeit:

$$d\ W_V = -\ p\ A\ ds = -\ p\ A\ \frac{dV}{A} = -\ p\ dV$$

[vgl. 21, S. 13].

Die *Kupplungsarbeit* W_K ist eine Prozessgröße. Sie beschreibt die Arbeit, die eine außerhalb eines thermodynamischen Systems befindliche Maschine auf eine zweite Maschine innerhalb eines Systems ausübt oder einer zweiten Maschine innerhalb des Systems abführen kann [vgl. 21, S. 14].

Die *Verschiebearbeit* W_S tritt dann auf, wenn eine Stoffmenge über eine Systemgrenze hinaus transportiert wird. Die Verschiebearbeit besitzt eine Sonderstellung, da sie nur von Ein- und Austrittszustand abhängt, ist sie eine Zustandsgröße [vgl. 21, S. 14 f.].

Die *Druckänderungsarbeit* W_p tritt bei Zustandsänderungen in offenen Systemen auf. Im Falle von Strömungsvorgängen, bei Verdichtungen oder Expansionen ist diese Prozessgröße zu berücksichtigen. Sie errechnet sich aus

$$dW_p = V\,dp$$

[vgl. 21, S. 15 ff.].

Wird ein Körper auf einer Oberfläche über einen bestimmten Weg verschoben, muss eine Kraft aufgewendet werden. Diese muss deutlich größer sein als die *Reibungsarbeit* W_R, die diese Bewegung zu unterbinden versucht. Die Reibungsarbeit ergibt sich aus dem Produkt dieser Reibungskraft und dem Weg. So können auch Teilchen, die sich in einem thermodynamischen System befinden, diese Arbeit leisten. Diese Prozessgröße bleibt aber nur innerhalb (W_{IR}) oder außerhalb (W_{AR}) eines Systems, das heißt sie wirkt nicht über die Systemgrenze hinweg. Daraus ergibt sich folgende Formel für die Reibungsarbeit

$$|W_R| = |W_{IR}| + |W_{AR}|.$$

Reibungsarbeit erhöht zunächst die innere Energie des Systems. Daraus resultiert, dass sich Temperaturunterschiede herausbilden und Ausgleichströme hervorgerufen werden. In einem nichtadiabatischen System führt dies dazu, dass Wärme an die Umgebung abgeben wird und die Gesamtenergie des Systems sinkt [vgl. 21, S. 17 f.].

Die innere Energie U ist eine Form der Energie, die von den Atomen und Molekülen gespeichert wird. Die thermische Energie und die chemische Energie werden unter dem Begriff der inneren Energie zusammengefasst. Die innere Energie ist selbst nicht messbar, allerdings kann man die Änderung der inneren Energie berechnen [vgl. 52, S. 59].

Wird einem geschlossenem System Energie in Form von Wärme hinzugeführt oder Arbeit am System verrichtet, so erhöht sich die innere Energie genau um den zugeführten Energiebeitrag. Das heißt, dass die Veränderung der Energie sich durch die zu- oder abgeführten Wärmemengen und Arbeitsleistungen beschreiben lässt

$$\Delta U = \Delta Q + \Delta W.$$

Es gilt

$$\Delta U = U_2 - U_1,$$

sofern 2 den Endzustand und 1 den Anfangszustand bezeichnen. Bei der Zufuhr von Wärme oder bei der Verrichtung von Arbeit am System kommt es also zu einem Ansteig der inneren Energie. Wird hingegen Wärme abgegeben oder das System verrichtet Arbeit, kommt es zu einer Senkung der inneren Energie. Die innere Energie ist eine Zustandsgröße, das heißt ihre Größe ist wegunabhängig. Sie bleibt in einem geschlossenen System demnach konstant. Am System verrichtete Arbeit oder hinzugeführte Wärme wird mit einem positiven Vorzeichen versehen. Hingegen schreibt man vom System verrichtete Arbeit bzw. abgegebene Wärme mit einem negativen Vorzeichen [vgl. 52, S. 61 f.].

Betrachtet man einen ideal isolierten Wohnraum, kann weder Wärme entweichen noch Arbeit geleistet werden. Eine Veränderung in einem abgeschlossenen System kann daraus resultierend weder zu einer Zunahme noch zu einer Abnahme der inneren Energie führen. Die Energiemengen werden also nur umverteilt. Dies gilt bei einem geschlossenen System, wenn man die Umgebung dessen in die Betrachtung einbezieht. Ändert sich in einem geschlossenen System die innere Energie U, so muss sich die innere Energie der Umgebung um den gleichen Wert, jedoch mit gegenteiligem Vorzeichen, ändern [vgl. ebd.]. So gibt zum Beispiel eine Tasse Kaffee mit einer bestimmten Temperatur in einem Wohnraum Wärme an die Luft und den Tisch, auf dem die Tasse gestellt wurde, ab. Die Luft bzw. der Tisch erwärmt sich um den Betrag, um den die Tasse Kaffee sich abkühlt.

2.5.3. Zweiter Hauptsatz der Thermodynamik

Mittels des ersten Hauptsatzes der Thermodynamik kann man Aussagen darüber treffen, ob eine chemische Reaktion endotherm oder exotherm ist, allerdings nicht darüber, in welche Richtung der jeweilige Prozess abläuft. Es kann also nicht gesagt werden, ob der Prozess freiwillig abläuft oder erzwungen werden muss [vgl. 21, S. 32].

In einem geschlossenen System kommt es zu einem freiwilligen Prozess, wenn dieser von einem Zustand höherer Odnung zu einem Zustand niedrigerer Ordnung verläuft. Für den umgekehrten Prozess muss Energie aufgewendet werden. Daraus lässt sich der zweite Hauptsatz der Thermodynamik ableiten:

Freiwillige Prozesse laufen in einem System in der Richtung ab, in der die Unordnung des Systems zunimmt [vgl. 52, S. 76].

Das Maß für die Ordnung eines Systems ist die Entropie S. Der zweite Hauptsatz der Thermodynamik wird dementsprechend auch als Entropiesatz der Thermodynamik bezeichnet [vgl. ebd.].

Die Entropie in einem isolierten System kann nie kleiner werden. Befindet sich das System in einem Gleichgewichtszustand, so ändert sich die Entropie nicht mehr und hat einen maximalen Wert erreicht. In einem geschlossenen System mit konstantem Druck und konstanter Temperatur kommt es bei einem freiwilligen, reversiblen Prozess zu folgender Entropieänderung:

$$\Delta S_{System} = \frac{\Delta Q_{rev}}{T}.$$

Damit ergibt sich für die Umgebung:

$$\Delta S_{Umgebung} = -\frac{\Delta Q_{rev}}{T}.$$

ΔQ_{rev} ist die von einem reversiblen Prozess aufgenommene oder abgegebene Wärme.

Bei irreversiblen Prozessen nimmt die Entropie immer zu:

$$\Delta S > \frac{\Delta Q_{irr.}}{T} \qquad \text{[vgl. 52, S. 80]}.$$

Wenn bspw. eine Tasse heißer Kaffee in einem Wohnraum gestellt wird, gibt die umliegende Luft des Raumes die Wärme nicht an das Getränk, sondern das Getränk die Wärme an die Luft des Zimmers ab. Dies zeigt, dass die Wärme feiwillig von einem Bereich höherer Temperatur zu einem Bereich niedrigerer Temperatur strömt.

Der 2. Hauptsatz der Thermodynamik beschreibt insgesamt die Richtung der Energieumwandlung. Mit der Gleichung für die innere Energie aus dem ersten Hauptsatz der Thermodynamik folgt:

$$dU = T\,dS - p\,dV.$$

Diese Gleichung bezeichnet man auch als Gibbsche-Fundamentalgleichung. Nimmt zum Beispiel die Luft eines Wohnraumes Wärme auf, so steigt auch die Temperatur. Damit kommt es zu einer vermehrten Bewegung der Moleküle. Die Unordnung des Systems steigt, seine Entropie nimmt also zu [vgl. 52, S. 80 ff.]. So ist für einen Raum mit geschlossenem Fenstern, in dem zwei Gase, zum einen Luft und zum anderen bspw. Feuerzeuggas, das über ein Feuerzeug vollständig in den Raum entwichen ist, eingeschlossen sind, klar, dass sich diese Gase mit der Zeit gleichmäßig durchmischen, das heißt einen Zustand größerer Unordnung und damit größerer Entropie einnehmen. Der Zustand größerer Entropie ist der wahrscheinlichere Zustand.

2.5.4. Dritter Hauptsatz der Thermodynamik

Der dritte Hauptsatz der Thermodynamik ist das Nernstsche Wärmetheorem. Es sagt aus, dass am absoluten Nullpunkt der Temperatur keine Teilchenbewegungen und somit keine Entropieänderungen vorliegen:

$$\lim_{T \to 0} \Delta S = 0$$

Dabei wird aber keine Aussage über den Wert der Entropie, sondern nur über die Änderung dieser getroffen [vgl. 52, S. 87].

2.6. Bedeutung des Energiesparens

Unter dem Begriff des Energiesparens versteht man, die Deckung des Energiebedarfs mit weniger Nutzenergie bzw. mit effektiverer Technologie. Die Entropiezunahme bei den Energieumwandlungen soll also minimiert werden.

Der Verbrauch der fossilen Energieträger ist derzeit enorm groß und wird in menschlichen Zeiträumen nicht regenerierbar sein. Bei der Verbrennung der fossilen Energieträger entsteht Kohlenstoffdioxid. Dies ist neben Wasser das Produkt der Verbrennung. Allgemein gilt:

fossiler Brennstoff + Sauerstoff der Luft → Kohlendioxid + Wasser(dampf)

Der Anstieg des Kohlendioxids in der Atmosphäre führt zum verstärkten Treibhauseffekt, wodurch sich die Temperatur auf der Erde erhöht [vgl. 97, S. 6 f.].

Daher verfolgt man das Ziel, neben den zuneige gehenden Vorräten der fossilen Energieträger auf andere, umweltschonende Energieträger bzw. Energien zurückzugreifen [vgl. 97, S. 6]. Aktuell ist eine schrittweise Umstellung der Energieversorgung auf erneuerbare Energien aufgrund neuerer Forschungserkenntnisse durchführbar [vgl. 86].

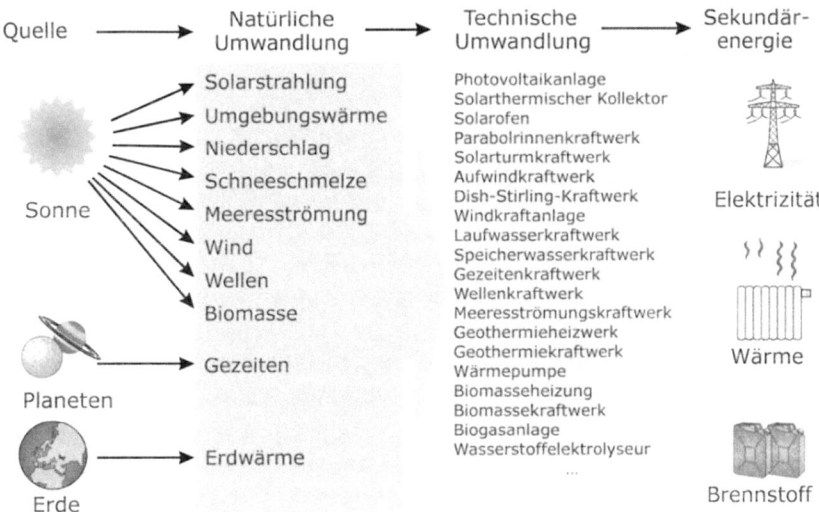

Abbildung 03: Quellen und Nutzungsmöglichkeiten regenerativer Energien [108, S. 34]

Die Auswirkungen der Planetenenergie sind an den Gezeiten ersichtlich. Für die Entstehung von Ebbe und Flut sind hohe Energiemengen notwendig [vgl. 108, S. 35f.]. In Gezeitenkraftwerken wird versucht, diese Energie nutzbar zu machen. Die Sonne ist eine weitaus größere Energiequelle und ein wesentlicher Bestandteil des Konzeptes nachhaltiger Entwicklung [vgl. 86]:

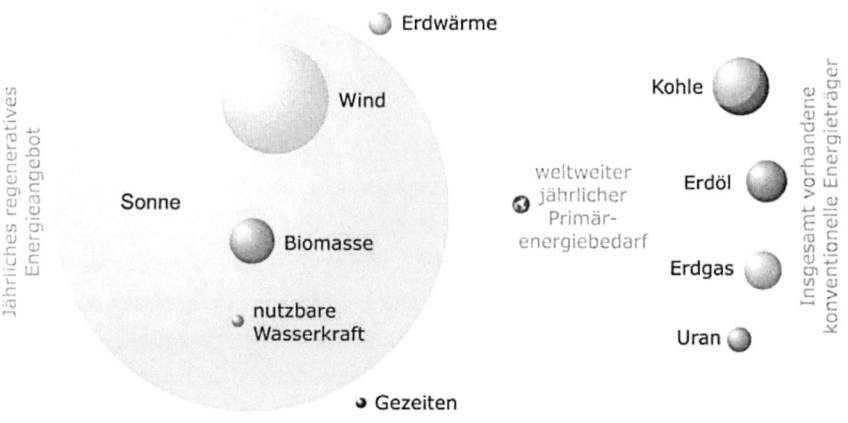

Abbildung 04: Menge der Energien durch Kugeln veranschaulicht [108, S. 36] - eine ähnliche Darstellung mit Kuben findet sich in [97, S.7]

Ein Teil der in einigen Millionen Jahren auf die Erde eingeströmten Sonnenenergie ist in Form der fossilen Energieträger, wie Kohle, Erdöl, Erdgas, in der Erdkruste gespeichert. Die Sonnenenergie kann indirekt duch Wasserkraft, Windkraft, Biomassenproduktion, **Niedertemperaturwärme,** Brennstoffzellen u.a. oder direkt durch Solarkollektoren zur Wärrmeerzeugung, Solarthermische Kraftwerke, Photovoltaik u.a. genutzt werden [vgl. 108, S. 36ff.].

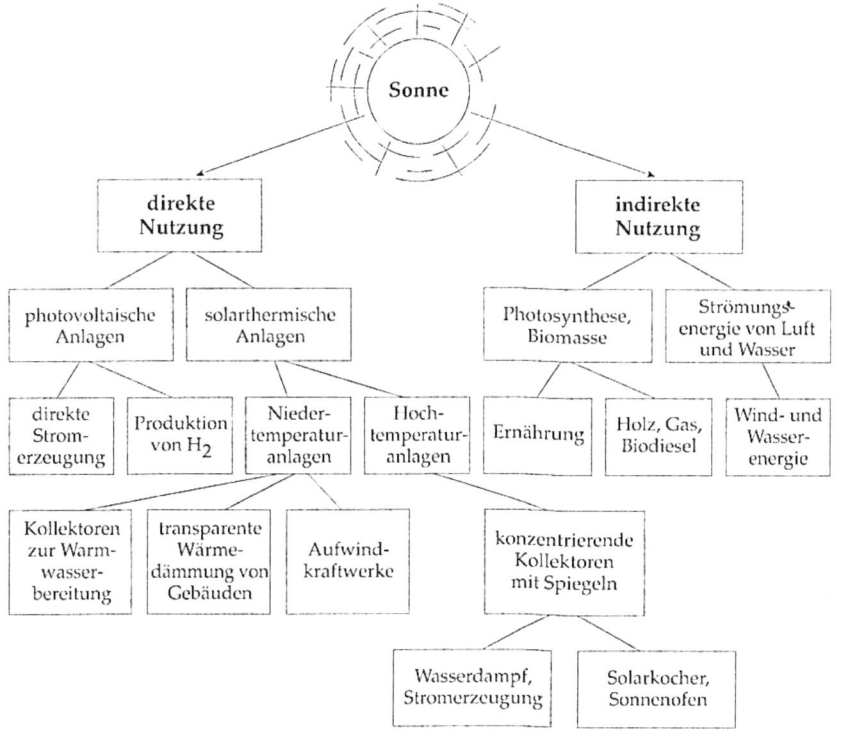

Abbildung 05: Die verschiedenen Möglichkeiten zur Nutzung der Solarenergie [6, S. 5]

Auf die geothermische Energie wird in Kapitel 3 eingegangen.
Dieses Buch befasst sich hauptsächlich mit technischen und chemischen Anwendungen rund um das Haus, also u.a. Heiztechniken. Im Fokus steht die Wärme, die zum Heizen eines Hauses benötigt wird. Dabei ist nicht nur das Heizen als Energieeintrag von Bedeutung, sondern auch die Speicherung überflüssiger Wärmeenergie und die Verringerung des Energieaustrages von enormer Bedeutung.

2.6.1. Energiesparhäuser

Eine Möglichkeit, Energie zu sparen, bieten umweltfreundliche Wohnhäuser. In der Vergangenheit wurden schon mehrfach energiesparende Häuser gebaut. Dabei steht nicht selten das Sparen von Kosten aufgrund der ansteigenden Preise für die Versorgung im Vordergrund; die Schonung der Umwelt nimmt häufig eine untergeordnete Stellung ein.

Energiesparhäuser sind Gebäude mit reduziertem Verbrauch und damit reduzierter Umweltbelastung. Es gibt verschiedene Klassifikationen bzw. Ausführungen:
- Niedrigenergiehaus/Niedrigstenergiehaus
- Passivhaus
- Nullenergiehaus
- Plusenergiehaus

Diese werden im Folgenden kurz vorgestellt.

2.6.1.1. Niedrigenergiehaus/Niedrigstenergiehaus

Als Niedrigenergiehäuser werden Gebäude bezeichnet, die einen sehr geringen Energiebedarf für Heizwärme und Warmwasser haben. Der Heizwärmebedarf darf höchstens 70 kWh/m²a betragen [105, S.1]. Das Niedrigstenergiehaus darf keinen Heizwärmebedarf über 50 kWh/m²a aufweisen.

Niedrigenergiehäuser können ohne besonderen Zusatzaufwand errichtet werden, denn ihre Komponenten sind lediglich Verbesserungen der gewöhnlichen Bauteile.

Es gibt verschiedene Wege, dieses Ziel zu erreichen. Entscheidend dafür sind, neben den Heizsystemen und der effizienten Warmwasserbereitung, eine gute Wärmedämmung, die Vermeidung von Wärmebrücken, kontrollierte Wohnungslüftung, Wärmeschutzverglasung und eine kompakte Gebäudeform [vgl. 28, S. 4 f.].

2.6.1.2. Passivhaus

Der Heizwärmebedarf eines Passivhauses muss weniger als 15 kWh/m²a betragen [vgl. 106, S. 1]. Im Unterschied zu den Niedrigenergiehäusern werden die Komponenten nochmals verbessert. Zusätzlich wird das Gebäude luftdicht gebaut und eine Lüftungsanlge für die kontroliierte Lütfung verwendet [106, S. 1 f.].

2.6.1.3. Nullenergiehaus

Als Weiterentwicklung zum Passiv- und Niedrigenergiehaus gibt es das so genannte Nullenergiehaus. *„Der Standard für das Nullenergiehaus sieht vor, dass keine Energie (elektrischer Strom, Gas oder Öl) von außen bezogen wird, um das ganze Jahr über eine angenehme Wärme im Inneren des Gebäudes zu genießen"* [103]. Für den Energieeintrag werden oft Sonnenkollektoren verwendet. *„Neben den Sonnenkollektoren gibt es noch eine* *andere Möglichkeit der Energiegewinnung:* **Wärmepumpen** [Hervorh. - F. K. K.] *und* **Erdkollektoren** [Hervorh. - F. K. K.]" [ebd.]. Die Realisierung erfolgt durch sehr gute Wärmeisolation, dreifach verglaste Fenster, Lüftungsanlagen und das Vermeiden von Wärmebrücken [vgl. 40 und 104]. Zudem greifen Nullenergiehäuser auf eine Anlage zur thermischen Energiespeicherung zurück [vgl. 104, S. 269].

2.6.1.4. Plusenergiehaus

Dieser Haustyp ist durch die hundertprozentige Selbstversorgung mit alternativer Energie charakterisiert. Dabei produziert das Plusenergiehaus mehr Energie als seine Bewohner verbrauchen [vgl. 20]. Neben den Bedingungen, die auch die anderen Energiesparhäuser erfüllen, kommen natürliche Baustoffe, Wärmespeicher und großflächige Solaranlagen zur Erzeugung von Warmwasser, zum Heizen und zur Erzeugung vom elektrischen Strom zum Einsatz [vgl. ebd.].

2.6.1.5. Zusammenfassung

Insgesamt haben alle Energiesparhäuser gemeinsam, dass der **Energieeintrag** so umweltfreundlich und dennoch effektiv wie möglich gestaltet werden soll, eine Form von **Energiespeicherung** vorliegen sollte und der **Energieaustrag** - durch geeignete Wärmedämmung, Wärmebrückenfreiheit und Lüftungssysteme - so gering wie möglich gehalten werden soll. Diese drei wesentlichen Merkmale werden im Folgenden näher betrachtet.

3. Energieeintrag

Dieses Kapitel beschäftigt sich mit dem umweltfreundlichen und kostengünstigen Eintrag von Energie in Form von Wärme. Dabei hat sich die Wärmepumpe als geeignete Apparatur herausgestellt. Neben der Möglichkeit, Wärmepumpen zu nutzen, bieten auch die Solar- und Photovoltaikanlagen sowie die Geothermieanlagen eine gute Alternative. Die Geothermieanlagen basieren auf der Nutzung der Wärmepumpen, daher werden diese kurz angerissen. Solaranlagen werden in Abgrenzung zu Maier [vgl. 71] nicht genau untersucht.

3.1. Wärmepumpen

Eine Wärmepumpe ist eine Maschine, bei der durch Zuführen von Arbeit einem Reservoir eine Wärmemenge entnommen wird und diese Wärmemenge einem anderen Reservoir wieder hinzugeführt wird. Prinzipiell entnehmen Wärmepumpen einem kälteren Reservoir eine Wärmemenge und geben diese mit Verlusten bzw. durch Hinzuführung von Energie in ein wärmeres Resservoir ab [vgl. 19, S. 33].

Mittlerweile findet man Maschinen mit ähnlicher Wirkungsweise wie Wärmepumpen in jedem Haushalt in Kühl- und Gefrierschränken. Zunehmend etablierte sich die Idee, diese Technik zum Heizen zu verwenden [vgl. 19, S. 33].

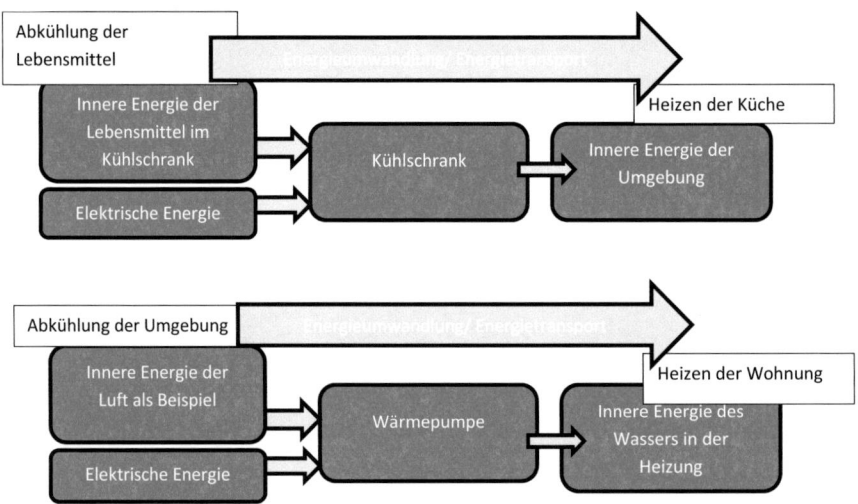

Abbildung 06: Gegenüberstellung von der Wirkungsweise eines Kühlschranks und einer Wärmepumpe [vgl. 50]

Es gibt Kompressionswärmepumpen und Sorptionswärmepumpen. Diese Bauarten sollen genauer erklärt werden. Zunächst wird aber auf die Kreisprozesse eingegangen, da die Wärmepumpen nach dem Schema eines linkslaufenden Kreisprozesses arbeiten.

3.1.1. Theoretische Grundlagen

3.1.1.1. Kreisprozesse

Technische Anlagen im Dauerbetrieb durchlaufen aus thermodynamischer Sicht immer einen Kreisprozess. Dabei ist ein Arbeitsmedium räumlich oder zeitlich periodische Zustandsänderungen unterworfen, die in Teilschritte unterteilbar sind [vgl. 160, S. 183]. Der Ausgangszustand wird nach gewissen Teilprozessen wieder erreicht. Die Idealisierung dieser führt dann zu idealisierten Kreisprozessen, die zur Bewertung mit realen Kreisprozessen herangezogen werden. Die Zustandsänderungen in solchen Kreisprozessen können in Zustandsdiagramme des beteiligten Stoffes eingetragen werden. Der Graph ergibt eine geschlossene Kurve. Die wohl bekannteste und auch namensgebende geschlossene Kurve ist der Kreis. Bei zeitlich periodischen Prozessen wird die Zeit als Parameter und bei räumlich periodischen Prozessen die Ortskoordinaten als Parameter genutzt. Nicht selten finden sich p- V- , T- S-, H- S- und p- H- Diagramme. Infolge der Darstellung der Kreisprozesse in diesen Diagrammen kann man einen Kreisprozess wie folgt definieren: *„ein thermodynamisches System durchläuft einen Kreisprozess, wenn die damit verbundene Zustandsänderungen geschlossene Kurven in den zugehörigen Zustandsdiagrammen ergeben"* [160, S. 183].

Kreisprozesse werden in technischen Prozessen realisiert. Diese werden meist zur Umwandlung von Wärme in Arbeit (z. B. in Wärmekraftmaschinen wie Verbrennungsmotoren) oder zum Heizen und Kühlen durch Aufwenden von Arbeit, wie zum Beispiel in Kältemaschinen und Wärmepumpen, verwendet. Dabei ist die Richtung, in welcher der Kreisprozess abläuft, von Bedeutung.

Beim *rechtläufigen Kreisprozess* besteht der Nutzen in der gewonnenen Arbeit pro Zeit. Diese resultiert aus einer bei niedriger Temperatur durchgeführten Kompression, also dem Arbeitsaufwand, und der anschließenden Expansion bei hoher Temperatur und hohem Druck, also dem Arbeitsgewinn. Die Kurve der Zustandsänderungen wird im Uhrzeigersinn durchlaufen [vgl. ebd.].

Beim *linksläufigen Kreisprozess* besteht der Nutzen in einem der Wärmeströme. Die geschlossene Kruve wird entgegen dem Uhrzeigersinn durchlaufen [vgl. ebd.].

Folgende Abbildung macht deutlich, dass bei rechtsläufigen Kreisprozessen die gewonnene Arbeit im Vordergrund steht, hingegen bei den Kälteprozessen und Wärmepumpenprozessen eine gewisse Arbeit aufgebracht werden muss:

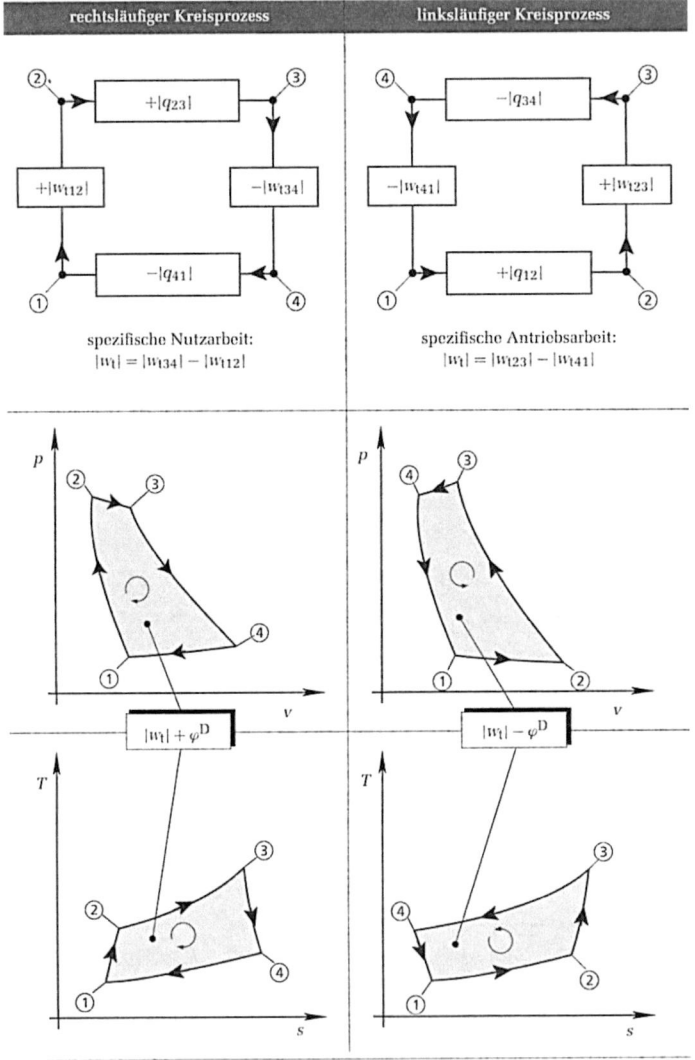

Abbildung 07:
Gegenüberstellung von rechtsläufigen und linksläufigen Kreisprozessen; φ^D beschreibt dabei die Umlaufrichtung [160, S. 185].

Nun ist es nötig, aufgrund der Anwendung der Wärmeprozesse zum Kühlen und zum Heizen, auch die Wärmeprozesse zu untergliedern.

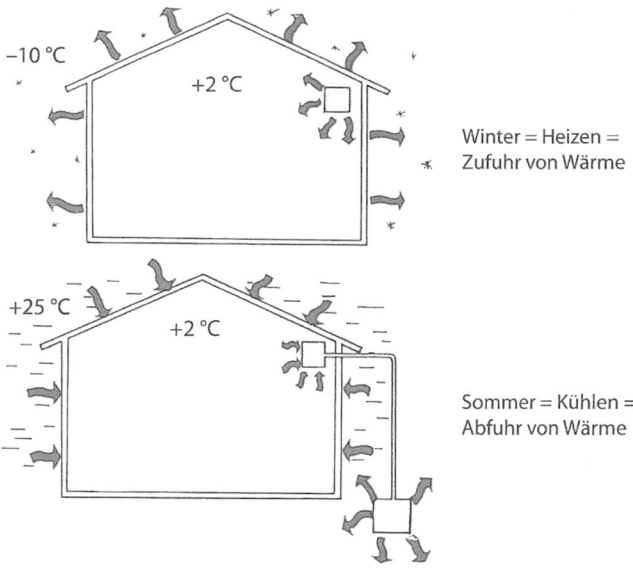

Abbildung 08: Im Winter soll dem Raum Wärmezugeführt werden. Aufgrund des entstehenden Temperaturgradienten fließt Wärme aus dem Haus (oben), während im Sommer die Wärme abgeführt werden soll (unten) [154, S. 132]

Mit dem Begriff „Heizen" werden alle Prozesse zusammengefasst, die einem thermodynamischen System Energie in Form von Wärme zuführen und dabei mit der Zeit einen Anstieg der Systemtemperatur hervorrufen. Die Wärmezufuhr erfolgt, um einen gewünschter Temperaturwert zu erreichen oder um einen unerwünschten Wärmestrom aus dem System zu kompensieren und damit über längere Zeiträume ein gewisses Temperaturniveau zu halten. Gleichermaßen werden mit dem Begriff „Kühlen" alle Prozesse bezeichnet, die einem thermodynamischen System Energie in Form von Wärme entziehen und dabei mit der Zeit zu einem Absinken der Systemtemperatur führen [vgl. 160, 242]. So kommt folgende Unterteilung der Kreisprozesse zustande:

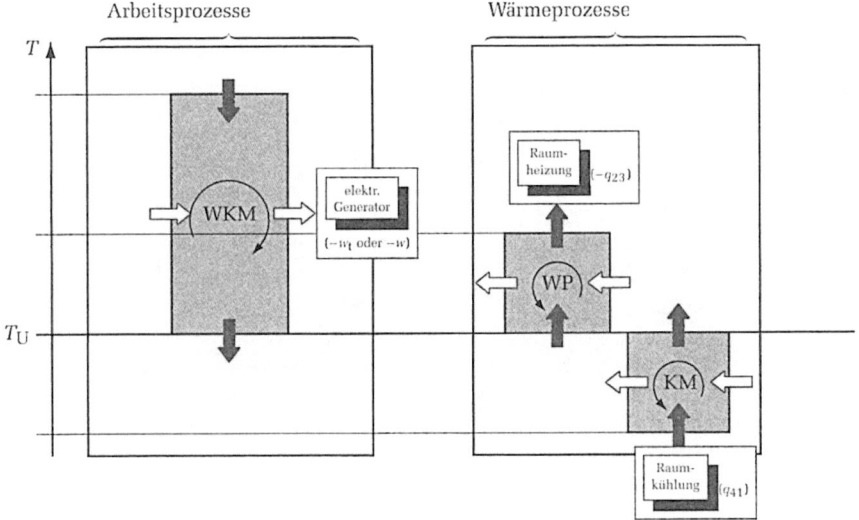

**Abbildung 09: Veranschaulichung von Arbeits- und Wärmeprozessen mit entsprechenden Zweckbestimmungen und auftretenden Temperaturniveaus [160, S. 197] -
WKM = Wärmekraftmaschine, WP = Wärmepumpe, KM = Kältemaschine**

Für eine Zustandsgröße Z in einem Kreisprozess gilt:

$$\oint dZ = 0.$$

Dies gilt genau dann, wenn der Integrand ein totales Differential darstellt. Ein totales Differential liegt dann vor, wenn Z eine Zustandsgröße ist. Für Prozessgrößen muss das Ringintegral nicht zwangsläufig den Wert 0 annehmen. So ergeben sich zum Beispiel für die Volumen- und Druckänderungsarbeit, die bei einem Kreisprozess (hier vier Teilschritte) auftreten können:

$$W_{V,1\to 2} + W_{V,2\to 3} + W_{V,3\to 4} + W_{V,4\to 1} = \oint dW_V = - \oint p\, dV$$

und

$$W_{p,1\to 2} + W_{p,2\to 3} + W_{p,3\to 4} + W_{p,4\to 1} = \oint dW_p = \oint V\, dp.$$

Anschaulich beschreiben diese beiden Terme die vom Kreisprozess im p-V- Diagramm eingeschlossene Fläche. Daher gilt folglich

$$-\oint p\,dV = \oint V\,dp = W_{Kreis}.$$

Dies wird reversiblen (idealisierten) Kreisprozessen als Kreisprozessarbeit bezeichnet. Die Kreisprozessarbeit gibt an, welche Arbeit in einem Rechtsprozess gewonnen oder in einem Linksprozess aufgewendet werden muss. Analoge Betrachtungen kann man mit der zugeführten reversiblen Wärme (Entropieänderungswärme) und der Temperaturänderungswärme bzgl. eines T- S- Diagramms machen und man erhält folgende Beziehungen

$$-\oint p\,dV = \oint V\,dp = W_{Kreis} = -\oint T\,dS = \oint S\,dT.$$

Die Wärme, die in einem idealen Kreisprozess aufgenommen und abgegeben wird, ist:

$$\oint dQ_{rev} = (Q_{zu})_{rev} - |(Q_{ab})_{rev}|.$$

Daraus ergibt sich unter Berücksichtigung von $dQ = dU + p\,dV$ und Integration über die vorhandene geschlossene Kurve:

$$\oint dQ_{rev} - \oint p\,dV = \oint dU$$

[vgl. 21, S. 176 ff.].

Da man sich bei Kreisprozessen in einem geschlossenen System befindet und die innere Energie des Systems wieder den Ausgangszustand erreicht hat, kann man den ersten Hauptsatz der Thermodynamik anwenden:

$$\oint dQ_{rev} = \oint p\,dV$$

Damit ist die Summe der Wärmemengen gleich der Summe der Arbeiten. Dies ist unabhängig davon, in wieviele Teilschritte man den Kreisprozess zerlegt [vgl. 52, S. 160].

Die linksläufigen Kreisprozesse sind für die Betrachtung der Wärmepumpen wie oben beschrieben von Bedeutung. Für diese einerseits zwei Arbeitsprozesse und andererseits zwei Wärmeprozesse charakteristisch. Dabei ist die Bezeichnung nicht auschließend gemeint: Ein Wärmepozess kann zum Beispiel auch einen Arbeitsanteil beinhalten [vgl. 160, S. 189].

3.1.1.1.1. Realer Clausius- Rankine- Prozess

Den idealisierten Kreisprozessen liegen bestimmte Vereinfachungen zugrunde. Damit kann dann ein maximaler Wirkungsgrad errechnet werden, ohne die realen Einflüsse wie die Dissipation und Reibung, oder nicht konstante Temperaturen und Drücke berücksichtigen zu müssen. Es werden für die Teilprozesse bestimmte Prozessbedingungen angenommen, wie die konstante Temperatur oder auch der konstante Druck. Die Teilprozesse werden als verlustfrei deklariert, das heißt die Wärmeübergänge erfolgen reversibel [vgl. 160, S. 188 f.]. Zur Bewertung einer Maschine bedient man sich dem Quotienten aus Nutzen und Aufwand. Der Nutzen einer Kälteanlage unterscheidet sich von dem einer Wärmepumpe [vgl. 52, S. 200]. Die Kälteanlage entzieht einer Stoffmenge oder einem Raum Wärme. Als Aufwand betrachtet man die Kupplungsarbeit, die für den Antrieb der Anlage notwendig ist. Damit ergibt sich für die Leistungszahl einer Kälteanlage

$$\varepsilon_K = \frac{Q_{zu}}{W_e} = \frac{Q_{zu}}{|Q_{ab}| - Q_{zu}}.$$

Bei der Wärmepumpe liegt der Nutzen in der Wärmeabgabe. Die Kupplungsarbeit beschreibt den Aufwand. Damit ist die Leistungszahl einer Wärmepumpe

$$\varepsilon_{WP} = \frac{|Q_{ab}|}{W_e} = \frac{|Q_{ab}|}{|Q_{ab}| - Q_{zu}} = 1 + \varepsilon_K$$

[vgl. 21, S. 237 und vgl. 6, S. 532 f.].

Es existieren wegen den vier typischen Schritten (zwei Arbeits- und zwei Wärmeprozesse) mehrere Möglichkeiten für einen idealisierten Vergleichsprozess. Zusätzlich kann auch ein reines Gas oder ein Fluid mit Phasenwechsel (gasförmig zu flüssig und flüssig zu gasförmig/ Verdampfung und Kondensation) als Arbeitsmedium gewählt werden. Flüssigkeiten sind nahezu inkompressibel und werden von vornherein als Arbeitsmedien für Prozesse ohne Verdampfung und Kondensation ausgeschlossen [vgl. 160, S. 187 ff.]. Ein Beispiel für einen idealisierten Kreisprozess stellt der Clausius- Rankine- Prozess dar. Für einen Kreisprozess im Gas, Zweiphasen, und Flüssigkeitsgebiet der Zustandsdiagramme das heißt mit Phasenwechsel des Arbeitsfluides, wird dieser Prozess eingeführt. In Abgrenzung zum Jouleprozess ist entscheidend, dass im Verlaufe des Prozesses ein Phasenwechsel stattfindet. Damit ist dieser nicht mehr mit der Auffassung vom idealisierten Gas verifizierbar [vgl. 160, 193].

Der Clausius- Rankine-Prozess als idealisierter Vergleichskreisprozess besteht aus der Hintereinanderschaltung folgender idealisierter Teilprozesse (in strömungsrichtung des Arbeitsmediums) [ebd.].

linksläufiger Clausius-Rankine-Prozess

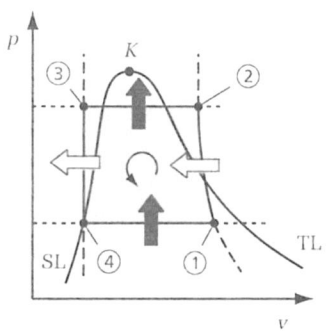
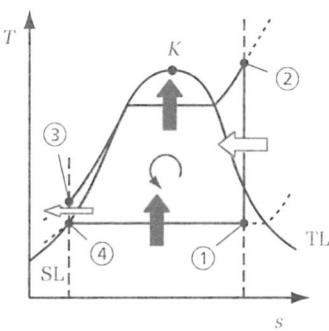

① → ②: isentrope Verdichtung ($w_{t12} > 0$)
② → ③: isobare reversible Abkühlung, Kondensation, Unterkühlung ($q_{23} < 0$)
③ → ④: isentrope Druckabsenkung ($w_{t34} < 0$)
④ → ①: isobare reversible Verdampfung ($q_{41} > 0$)

- - - : Isentropen ($s =$ const)
· · · : Isobaren ($p =$ const)
➡: spezifische technische Arbeit
⇨: spezifische Wärme

Abbildung 10: linksläufiger Clausius- Rankine- Prozess [160, S. 194]

Die Kreisprozessarbeit entspricht $W_{Kreis} = - Q_{4 \to 1} - Q_{2 \to 3}$. Bei isobaren Prozessen, wie in Kapitel 2 beschrieben entspricht die Wärme der Enthalpie. Damit gilt dann

$$Q_{4 \to 1} = H_1 - H_4 \text{ und } Q_{2 \to 3} = H_3 - H_2$$

[vgl. 4, S. 1]. Für den verlustfreien idealen Wärmepumpenkreisprozesses gilt also

$$\varepsilon_{WP} = \frac{H_3 - H_2}{H_1 + H_3 - H_2 - H_4}.$$

Bei einer isentropen Drosselung ist $H_3 - H_4 = 0$ und damit gilt dann

$$\varepsilon_{WP} = \frac{H_3 - H_2}{H_1 - H_2 + H_3 - H_4} = \frac{H_3 - H_2}{H_1 - H_2}$$

[vgl. 81].

Der Clausius- Rankine- Prozess beschreibt die Pozesse in einer Wärmepumpe, wie sie in Kapitel 3.1.2 explizit betrachtet werden, auf geeignete Weise. Wegen den Phasenänderungen liegt kein homogenes System mehr vor und damit kommen deutliche Abweichungen vom Verhalten eines idealen Gases zustande. Damit wird zu den Carnot- und Joule- Kreisprozessen Abstand genommen [vgl. 71, S. 65].

Um auf die Unterschiede zwischen dem idealen und dem realen Clausius-Rankine-Prozess eingehen zu können, werden die vier Zustandsänderungen beschrieben.

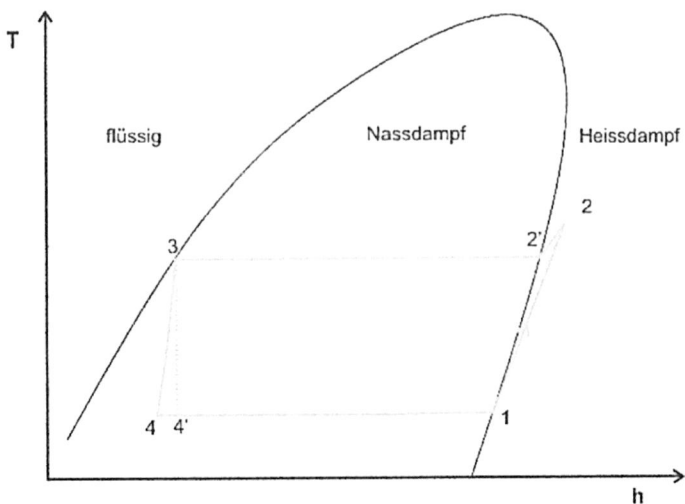

Abbildung 11: T-H- Diagramm eines idealen Clausius- Rankine- Prozesses zur Beschreibung einer idealen Wärmepumpe [vgl. 81]

Zustandsänderung 4-1: Hierbei findet eine isobare Verdampfung des Arbeitsmittels im Verdampfer und eine Wärmeaufnahme auf niedrigem Druck- und Temperaturniveau statt [vgl. 81].

Zustandsänderung 1-2: Hierbei wird das Arbeitsmittel isentrop/ adiabatisch durch den Verdichter komprimiert. Dabei wird dabei Arbeit am System verrichtet [vgl. ebd.].

Zustandsänderung 2-3: Hierbei findet eine isobare Abkühlung. Es kommt zu einer Kondensation und Unterkühlung des Arbeitsmediums auf hohem Druck- und Temperaturniveau statt. Es kommt dabei zu einer Wärmeabgabe [vgl. ebd.].

Zustandsänderung 3-4' bzw. 3-4: Das mittlerweile flüssige Arbeitsmedium wird entspannt, es wird also mittels einer Drossel das Druckniveau gesenkt. Dabei kann es zu einer geringen Verdampfung des Arbeitsmediums kommen. Um einem linksläufigen Clausius-Rankine-Prozess zu entsprechen müsste dieser Vorgang adiabat ablaufen (**3-4'**), also bspw. über eine Turbine erfolgen. Aus Gründen eines vereinfachten Aufbaus und weil der Aufwand, zum Beispiel eine Turbine einzusetzen, sich nicht mit dem geringen Energieertrag deckt, wird irreversibel über eine Drossel bei konstanter Enthalpie entspannt (**3-4**) [vgl. ebd.].

Eine bestimmte Stoffmenge einer Flüssigkeit nimmt bei isobarer Wärmezufuhr bspw. in einem Zylinder ein bestimmtes Volumen ein. Dieses System kann als homogenes System aufgefasst werden, da nur eine Phase vorliegt. Ein Kolben, der den Zylinder verschließt, übt einen konstanten Druck auf die Flüssigkeit aus. Wird dem System Energie in Form von Wärme so zugeführt, dass die Siedetemperatur erreicht wird, vergrößert sich das Volumen. Es kommt zur Verdampfung der Flüssigkeit, dabei steigt das Volumen immer weiter an. Die Temperatur bleibt allerdings konstant, weil die Wärme für die Überführung der Flüssigkeit in ein Gas genutzt wird. Es verdampft aber nicht die gesamte Flüssigkeit auf einmal. Daher bezeichnet man diese Phase als Nassdampf. Erst wenn die Flüssigkeit vollständig in den gasförmigen Aggregatzustand übergegangen ist, kann das System wieder als homogen betrachtet werden. Diese Phase nennt man Sattdampf. Bei weiterer Wärmezufuhr kommt es weiterhin zu einer Volumenzunahme. Der Dampf überhitzt und man bezeichnet ihn als Heißdampf. Die Phasen des Nassdampfes, Sattdampfes und Heißdampfes treten in einem Clausius-Rankine-Prozess auf. Wie in den Abbildungen zu erkennen ist, hat man während des Prozesses hauptsächlich mit einer Nassdampfphase zu tun [vgl. 71, S. 65 ff.].

In diesem Verhalten liegt auch der bedeutsamste Unterschied zwischen dem realen und dem idealen Clausius-Rankine-Prozess. Der Dampf muss deutlich überhitzt werden, damit das Arbeitsmittel vollständig verdampft, weil Flüssigkeit, die in den Verdampfer gelangt, diesen beschädigen kann. Doch nicht nur an dieser Stelle sind Unterschiede zu erkennen: Im realen Kreisprozess treten weitere Verluste in Erscheinung, die die Leistungszahl senken.

Dafür ist folgende Abbildung angeführt:

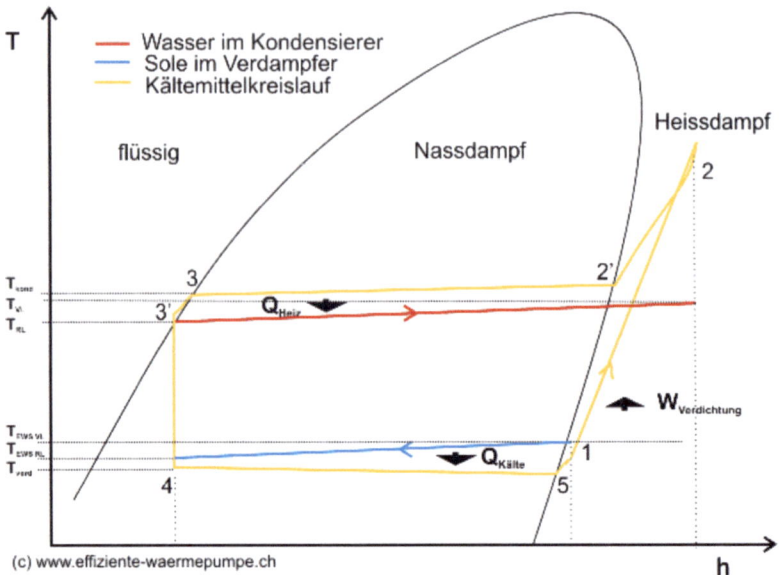

Abbildung 12: T-H- Diagramm eines realen Clausius- Rankine- Prozesses zur Beschreibung einer realen Wärmepumpe [vgl. 81]

Die einzelnen Teilschritte gestalten sich wie folgt:

Zustandsänderung 4-5: Hierbei verdampft das Arbeitsmedium im Verdampfer. Die Reibungsvorgänge führen zum Druckabfall und damit zu einer Abnahme der Verdampfungstemperatur. Der Vorgang ist nicht mehr isobar [vgl. ebd].

Zustandsänderung 5-1: Hier findet die Überhitzung des Dampfes im Verdampfer statt [vgl. ebd].

Zustandsänderung 1-2: Es kommt hierbei zu einer Verdichtung im Verdichter. Durch Reibungsverluste und Motorenabwärme ist der Vorgang nicht mehr isentrop. Die Enthalpie nimmt stärker zu und es muss mehr Arbeit geleistet werden [vgl. ebd und vgl. 65, S. 68].

Zustandsänderung 2-3: Der Kreisprozess gibt Wärme ab. Durch Druckverluste erfolgt die Zustandsänderung nicht mehr isobar. Druck- und Wärmeverluste am Verdichteraustritt (**2**) und in den Leitungsrohren für das Heißgas erfordern eine höhere Kompression des Kälte- mittels, um die gewünschte Kondensationstemperatur zu erreichen. Die Wärmeabgabe von dem Heißgas im Teilschritt (**2-2'**) erfolgt nicht isobar. Daher ist die Kondensation (**2'-3**) nicht isotherm. Die Kondensationstemperatur nimmt ab [vgl. ebd].

Zustandsänderung 3-4:

Zwischen **3-3'** wird das flüssige Arbeitsmittel bis zur tiefsten Temperatur der Wärmesenke unterkühlt. Im Teilschritt von **3'-4** erfolgt die Expansion im Expansionsventil [vgl. ebd].

Insgesamt kommt es durch Verluste zu einer Verringerung der Leistungszahl. Die wesentlichen Verlustfaktoren sind:
- Verluste durch Reibung
- Temperaturverluste
- Druckverluste.

Des Weiteren werden bestimmte Apparaturen benötigt, um den Kreislauf kontinuierlich zu betreiben:
- Kompressor
- Anlagen, die benötigt werden, um die jeweilige Wärmequelle zu erschließen (ausführlicher dazu im Kapitel 3.1.4.)
- Anlagen, die benötigt werden, um die Heizenergie auch nutzen zu können.

Zur Verdeutlichung ist nachfolgendes Schema gegeben:

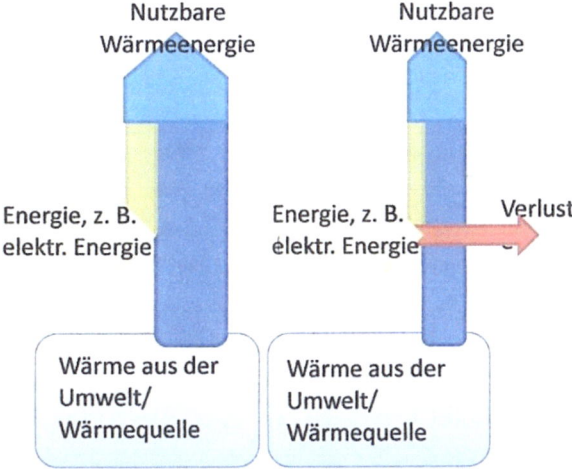

Abbildung 13: Gegenüberstellung der Wirkungsschemata einer idealen (links) und einer realen Wärmepumpe (rechts) [vgl. 160, S. 248]

3.1.2. Bauarten und Funktionsweise der Wärmpepumpen – reale Kreisprozesse

Die folgenden Betrachtungen beziehen sich nicht auf jeden Kühl- und Heizfall, sondern thematisieren speziell die Wärmepumpen. Auf die Kältemaschinen wird lediglich kurz verwiesen. Die Wikrungsweise von Kältemschinen gleicht der der Wärmepumpen. Die Kältemaschinen werden genutzt, um dem Raum Wärme zu entziehen und in die Umgebung abzugeben.

Wärmepumpen werden zur Gebäudeheizung und Warmwasserbereitung genutzt. Dabei übertragen Wärmepumpen innere Energie einer bestimmten Temperatur aus einer Wärmequelle unter Aufwendung von Arbeit auf ein höheres Temperaturniveau. Diese Wärme wird dann für die Heizung oder die Warmwasserbereitung bereitgestellt [vgl. 160, S.247].

Dabei gibt es drei verschiedene Wirkungsprinzipien bzw. Bauarten von Wärmepumpen:
- Kompressionswärmepumpe,
- Absorbtionswärmepumpe,
- Adsorptionswärmepumpe [vgl. 108, S. 323].

Die wesentlichen Wirkungsweisen und die Unterschiede werden im Folgenden näher expliziert.

3.1.2.1. Kompressionswärmepumpen

Kompressionswärmepumpen sind die „klassischen" Wärmepumpen. In der Realisierung entspricht ihre Wirkungsweise dem Clausius- Rankine- Prozess.

Eine Kompressionswärmepumpe bedient sich dem physikalischen Effekt der Verdampfungs- und der Kondensationswärme. Das heißt, die Wärme, die bei der Verdampfung eines bestimmten Stoffes (hier: das Arbeitsmedium) vom Stoff aufgenommen, wird bei der Kondensation verlustfrei wieder abgegeben. Das Arbeitsmedium, auch als Kältemittel bezeichnet, befindet sich in einer geschlossenen Apparatur. Der Kreislauf wird im Wesentlichen durch den Kompressor angetrieben. Das Kältemittel wechselt stetig seinen Aggregatzustand von dem flüssigen in den gasförmigen Zustand und umgekehrt.

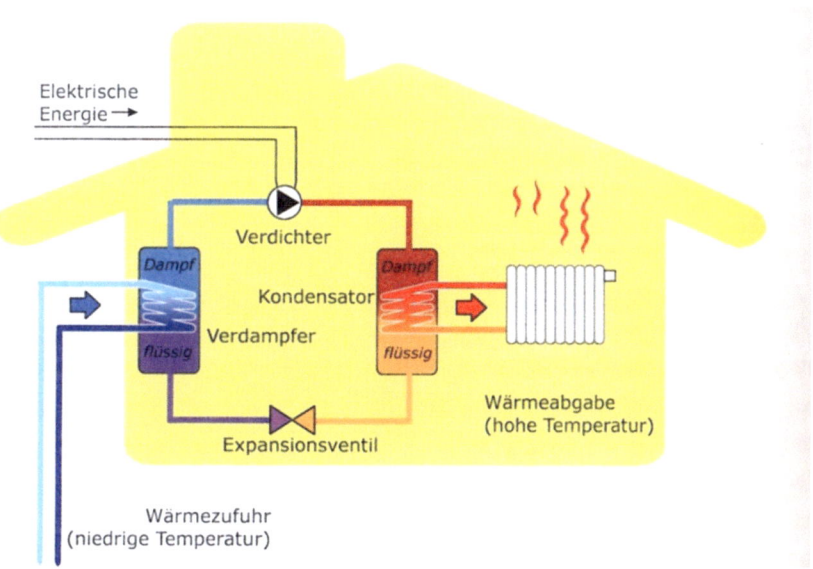

Abbildung 14: Anlagenschema einer Kompressionswärmepumpe [108, S. 324]

Im Verdampfer findet eine Zufuhr von Niedrigtemperaturwärme bzw. Energie auf einem geringem Temperaturniveau statt. Das Kältemittel verdampft bei einem bestimmten Druck möglichst isotherm. Der dem Joule-Thomson-Effekt entgegengesetzte Vorgang kann zu erheblichen Erwärmungen führen. So können bei der Kompression von zum Beispiel Ammoniakdämpfen bei -20°C Temperaturen von ca. 130°C entstehen, die zum Heizen genutzt werden können [vgl. 67, S. 91].
Dann gelangt der Dampf zu dem Verdichter. Dieser liefert die Antriebsenergie. Es erfolgt durch Zufuhr von externer Energie eine Verdichtung des Dampfes. Infolge dieser isentropen Verdichtung und Anhebung auf einen hohen Betriebsdruck kommt es zu einer Temperaturerhöhung. Dieser verdichtete heiße Dampf gelangt dann in den Kondensator. Der Dampf kondensiert dort und gibt dabei die bei der Verdampfung aufgenommene Energie wieder ab. Diese Energie wird anschließend als Nutzwärme abgeführt. Dieser Vorgang erfolgt weitestgehend isotherm. Die Flüssigkeit, die unter hohem Druck steht, gelangt danach zu dem Expantionsventil. Oft wird es auch als Drossel bezeichnet. Hier erfolgt eine Entspannung der Flüssigkeit auf den Anfangsdruck. Die Temperatur nimmt isentrop ab. Diese Flüssigkeit gelangt dann wieder zum Verdampfer [vgl. 108. S. 323 ff.].
Die hier beschriebenen Vorgänge stellen nicht die eigentliche Abfolge dar, da vielmehr ein Kreislauf vorliegt, dessen Beschreibung jedoch an einer Stelle begonnen werden muss. Der Beginn mit dem Verdampfer hat sich dabei etabliert.

Kältemaschinen dieser Bauart kommen zum Beispiel oft in Kühlschränken zum Einsatz [vgl. 26, S. 10 ff.]. Die Funktionsweise erfolgt analog, allerdings mit einem wesentlichen Unterschied: Die Wärme wird dem zu kühlendem Objekt bzw. Raum entzogen und an die Umgebung abgeführt.

3.1.2.2. Absorptionswärmepumpen

Bevor auf die Bauweise der Absorptionswärmepumpen eingegangen wird, in der ebenfalls die Verdampfungs- und Kondensationswärme genutzt werden, wird der Begriff der Absorption erklärt.

Die Absorption beschriebt eine Vermischung zweier Fluide, ohne dass dabei eine chemische Reaktion abläuft. Es wird zum Beispiel ein Gas von einer Flüssigkeit absorbiert. Dabei wird Absorptionswärme frei. Das aufgenommene Gas bezeichnet man als Absorbat und der Stoff, der absorbiert, als Absorptionsmittel oder Absorbens. Die Absorption meint also das Aufnehmen eines anderen Stoffes/Moleküls/Atoms durch einen Stoff. Dabei kommt es zu einer Eingliederung in die Freiräume der aufnehmenden Phase und nicht zur Einlagerung an die Oberfläche, wie es bei der Adsorption der Fall ist. Die Adsorption wird später genauer erklärt (vgl. Kapitel 3.1.2.3.).

Ein mögliches Kältemittel für diese Apparatur ist Ammoniak. Bei der Absorption des Dampfes durch Wasser entstehen hohe Temperaturen [vgl. 26, S. 5]. Die Absorptions-Wärmepumpe nutzt den physikalischen Effekt der Reaktionswärme bei Mischung zweier Fluide und dabei auch den Effekt der Verdampfungs- und Kondensationswärme. Sie verfügt über einen Lösungs- und einen Kältemittelkreislauf. Das Lösungsmittel wird im Kältemittel wiederholt gelöst bzw. ausgetrieben. Der mechanische Verdichter, wie er bei einer Kompressionswärmepumpe vorliegt, wird durch einen thermischen Verdichter ersetzt. Zur besseren Vorstellung ist folgende Abbildung angeführt:

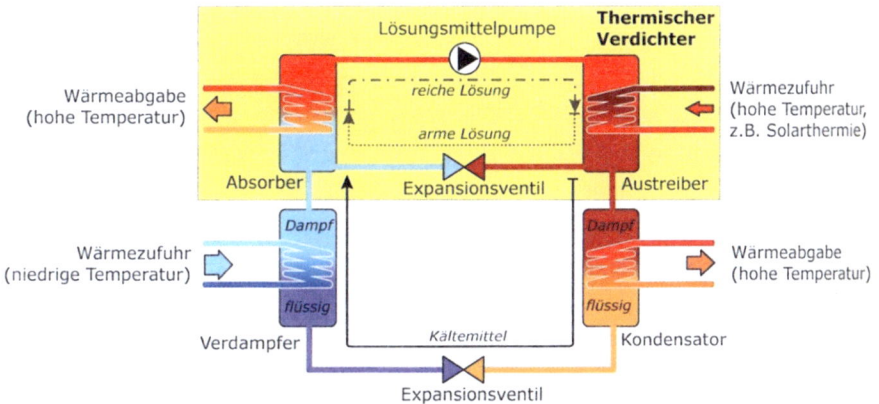

Abbildung 15: Anlagenschema einer Absorptionswärmepumpe [108, S. 326]

Wieder beim Verdampfer beginnend gestaltet sich der Kreislauf wie folgt: Im Verdampfer kommt es analog zur Kompressionswärmepumpe zur Zufuhr von Niedertemperaturwärme, sodass das Kältemittel bei einem bestimmten eingestellten Druck verdampft. Dieser Dampf gelangt in den Absorber. Dort wird der Dampf zum Beispiel vom Wasser als Absorbens absorbiert. Das Lösungsmittel absorbiert also den Kältemitteldampf. Die dabei entstehende Wärme, die aus der Lösungsenthalpie bzw. Absorptionsenthalpie resultiert, lässt sich als Nutzwärme abführen. Dies wird oft durch einen Wärmetauscher realisiert (vgl. Kapitel 5.2.3.1.). Eine Lösungsmittelpumpe transportiert diese Lösung dann zu einem Verdichter. Damit erfolgt eine Zufuhr von externer Energie, die nicht besonders groß ist, da keine sehr großen Betriebsdrücke notwendig sind [vgl. 27, S. 69]. Der Verdichter komprimiert anschließend die Lösung. Diese sich unter Druck befindliche Lösung gelangt zum sogenannten Austreiber. Dieser dient der Trennung von Kältemittel und Lösungsmittel. Die Trennung gestaltet sich aufgrund unterschiedlicher Siedetemperaturen der beiden Medien als verhältnismäßig simpel. Hierbei muss allerdings thermische Energie hinzugeführt werden. Das Lösungsmittel verbleibt in seinem Kreislauf und gelangt zu einem Expantionsventil, um den Druck wieder auf den ursprünglichen Druck herabzusenken. Von dort gelangt das Lösungsmittel in den Absorber, wo es erneut Kältemitteldampf absorbieren kann. Das Kältemittel hingegen gelangt nach der Trennung in den Kondensator. Hier kondensiert es bei hoher Temperatur und hohem Druck. Die Kondensationswärme kann als Nutzwärme abgeführt werden. Von dort aus gelangt das nun flüssige Kältemittel über ein Expansionsventil zum Verdampfer [vgl. 108, S. 325 f.].

Auch bei Kühlschränken wird auf diese Technik zurückgegriffen. So verdampft bspw. im Kocher Salmiak. Dabei entstehen Wasserdampf und Ammoniak. Diese werden im Kondensator getrennt verflüssigt. Das Ammoniak entzieht auf dem Weg durch den Verdampfer dem Innenraum des Kühlschranks Wärme. Auf dem „Rückweg" vermischt sich das Ammoniak im Absorber wieder mit dem Wasser [vgl. 26, S. 12].

3.1.2.3. Adsorptionswärmepumpen

Ein weiterer Bautyp der Wärmepumpen stellt die Adsorptionswärmepumpe dar. Diese nutzt hauptsächlich den Effekt der Adsorption. Er wird daher kurz erläutert.

Die Adsorption meint die Einlagerung von Teilchen an der Oberfläche eines Feststoffes. Solche Feststoffe sind zum Beispiel Aktivkohle, Silicagele und Zeolithe. Allgemeiner ausgedrückt werden Fluide an der Oberfläche eines Feststoffes angereichert, das heißt an der Grenzfläche zweier Phasen. Die Kräfte, die die Anhaftung verursachen, sind keine chemischen Bindungen, sondern nur physikalische Kräfte. Physikalische Adsorption bezeichnet man auch als Physisorption. Die Umkehrung ist die Desorption. Die Ad- und Desorption streben einem Gleichgewicht entgegen, bei dem makroskopisch eine Ruhelage eingenommen wird. Bei der chemischen Adsorption, auch Chemiesorption genannt, kommt es zur Ausbildung chemischer Bindungen bei der Anlagerung an der Oberfläche des Feststoffes. Dabei können sich unter Umständen andere Stoffe bilden, sodass der desorbierte Stoff, auch Desorbat genannt, ein Reaktionsprodukt einer chemischen Reaktion darstellt.

Die Adsorptionswärmepumpe arbeitet mit einem festen Lösungsmittel, dem "Adsorbens", an dem das Kältemittel ad- bzw. desorbiert wird. Dem Prozess wird Wärme bei der Desorption zugeführt und bei der Adsorption entnommen. Gelangt zum Beispiel Wasserdampf an Aktivkohle, Silicagel oder Zeolithen, entsteht dabei eine enorme Wärmemenge. Da das Adsorbens nicht in einem Kreislauf umgewälzt werden kann, kann der Prozess nur diskontinuierlich ablaufen, indem zwischen Ad- und Desorption zyklisch gewechselt wird [vgl. 108, S. 326 f.]. Daher ist dies ein Spezialfall, da er als eine Art Speicheranlage für Wärmeenergie aufgefasst werden kann.

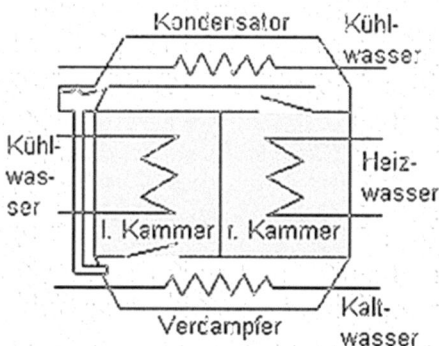

Abbildung 16: Anlagenschema einer Adsorptionswärmepumpe [12]

Oft wird Wasser als Medium genutzt, das heißt es kommen ungiftige Substanzen zum Einsatz, was einen Vorteil dieses Typs darstellt. Daher muss, wenn Niedertemperaturwärme genutzt werden soll, bei Unterdruck gearbeitet werden. Diese Technologie gestaltet sich zum gegenwärtigen Zeitpunkt aber als sehr kostenintensiv. Ein Wärmetauscher ist mit einem Feststoff beschichtet. Der Prozess gliedert sich, wie oben beschrieben wurde, in zwei Phasen [vgl. 108, S. 326 f.].

In der ersten Phase treibt ein Gasbrenner das in dem Feststoff gebundene Wasser aus. Dieses Wasser kann dann am zweiten Wärmetauscher kondensieren. Die dabei entstehende Wärme kann als Nutzwärme abgeführt werden. Ist das gesamte Wasser aus dem Feststoff des ersten Wärmetauschers ausgetrieben worden, wird der Brenner ausgeschaltet und es kommt zur zweiten Phase [vgl. 108, S. 327].

Über den zweiten Wärmetauscher kann Niedertemperaturwärme hinzugeführt werden. Dabei entsteht wieder Wasserdampf bzw. das Wasser wird vom Feststoff ausgetrieben. Damit gelangt der Dampf wieder zum ersten Wärmetauscher. Er wird dort adsorbiert. Die daraus resultierende Wärmeenergie kann wieder abgeführt werden [vgl. ebd.].

3.1.3. Kältemittel

Eine der wichtigsten Vorraussetzungen für einen hohen Wirkungsgrad der Wärmepumpe ist das Arbeitsmedium. Dabei müssen zwei Eigenschaften erfüllt sein: Auf der einen Seite sollen die Stoffe nicht zu hohe und nicht zu niedrige Dampfdrücke aufweisen. Auf der anderen Seite soll eine für den Arbeitsbereich hohe Verdampfungsenthalpie vorliegen [vgl.

24, S. 511]. Wichtig ist also, das Kältemittel auf den Temperaturbereich, auf dessen Niveau die Wärmeenergie der Wärmequelle ist, zuzuschneiden.

Früher wurden dafür voll- oder teilhalogenierte Fluor-Chlor-Kohlen-Wasserstoffe (FCKW, HFCKW) verwendet. Damit ist eine Gruppe von Kohlenwasserstoffen gemeint, bei denen die Wasserstoffatome durch die Halogene Chlor und Fluor, wie der Name bereits vermuten lässt, substituiert sind. Nach einiger Zeit der Verwendung von diesen, wurde deutlich, dass sie am Abbau der Ozonschicht beteiligt sind, wie zum Beispiel:

Dichlormethan $\quad 2\, CH_2Cl_2 + 4\, O_3 \longrightarrow CO_2 + H_2O + Cl_2O + 4\, O$

Trichlormethan $\quad 6\, CHCl_3 + 6\, O_3 \longrightarrow 6\, CO_2 + 3\, H_2O + 9\, Cl_2O$

Daher wurden sie in vielen Bereichen sogar verboten. Heute finden meist ozon-unschädliche Stoffe wie Propan, Butan, Ammoniak, Propen Anwendung [vgl. 26, S. 4, vgl. 127, S. 104]. Das Problem hierbei ist das Propan, Propen, Butan leicht entzündlich sind und Ammoniak giftig ist. Es müssen also entsprechende sicherheitstechnische Maßnahmen ergriffen werden. Propan und Propen weisen zusätzlich auch ein niedriges stratosphärisches Ozonabbaupotential und Treibhauspotential auf [vgl. 57, S. 87].

Man gliedert die Kältemittel in anorganische und organische Arbeitsmedien. Anorganische Kältemittel kommen im Allgemeinen in der Natur vor. Hierbei sind Ammoniak, Luft, Kohlenstoffdioxid, Wasserstoff, Halogene und Wasser als Beispiele zu nennen. Sie enthalten nicht zugleich Kohlenstoffatome und Halogene. Oft werden diese Kältemittel auch als „natürliche" Kältemittel bezeichnet [vgl. ebd.]. Organische Arbeitsmedien sind entweder Kohlenwasserstoffe oder werden aus diesen hergestellt. Dafür sind besonders Derivate des Methans und Ethans als Beispiele herauszustellen [vgl. 154, S. 188]. Das liegt in der hohen Brennbarkeit bei vielen Wasserstoffatomen begründet [vgl. 57, S. 86].

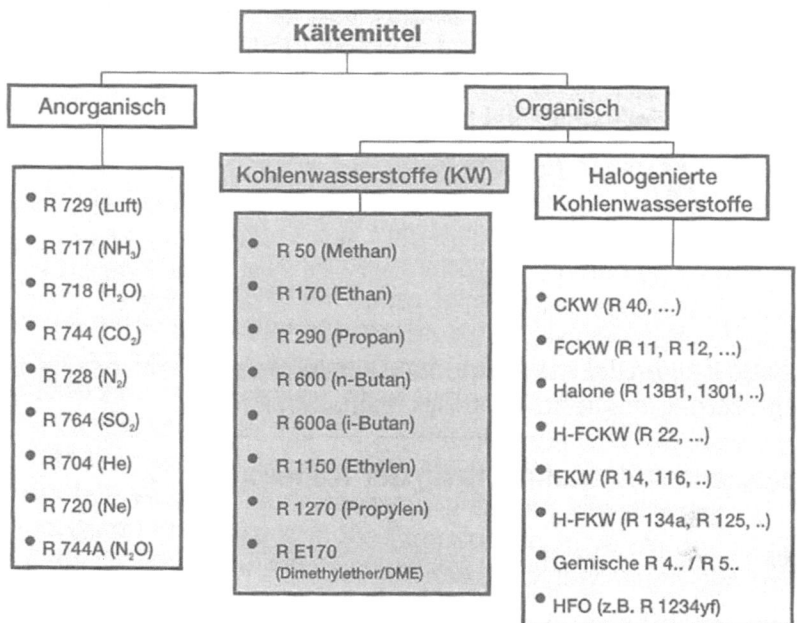

Abbildung 17: Einteilung der Kältemittel [154, S. 188]

In der Abbildung wird deutlich, dass die Kältemittel einer bestimmten Nomenklatur folgen. Diese wird im Folgenden beschrieben. Das „R" kommt vom englischen refrigerant, was Kältemittel bedeutet. Daran schließen sich Ziffern und Buchstaben an. Diese beziehen sich auf die atomare Zusammensetzung des zu bezeichnenden Arbeitsmediums. Die erste Ziffer stellt die Anzahl der Kohlenstoffatome vermindert um 1 dar. Die zweite Ziffer entspricht der Anzahl der Wasserstoffatome vermehrt um 1. Die dritte Ziffer beschreibt die Anzahl der Fluoratome. Die übrigen Valenzen der Kohlenstoffatome sind mit Chloratomen besetzt. Bei Derivaten des Methans entfällt die erste Ziffer und angehängte kleine Buchstaben verweisen auf Isomere. Augenscheinlich werden in der obigen Abbildung anorganische Kältemittel mit Nummern belegt, die mit 7 beginnen. Dies entspricht der zugrunde liegenden Konvention für die „natürlichen" Kältemittel [vgl. 57, S. 85 f.]. So beginnen die Ziffern mit 4 (nicht/nahe-azeotroe Gemische), 5 (azeotrope Gemische), 6 (sonstige organische Kältemittel, Butan = R600) oder 7 (anorganische Kältemittel) [vgl. 154, S. 191].

Insgesamt sollten moderne Kältemittel einem sehr umfangreichen Anforderungsprofil entsprechen. So sollten sie ein geringes Ozonabbaupotential aufweisen, d.h. chlor- und bromfrei, und eine verminderte atmosphärische Lebensdauer haben. Dadurch ist es auch nötig, dass die Arbeitsmedien recyclebar sind. Für die technische Eignung haben sie den gleichen Anforderungen zu genügen wie die FCKW bzw. HFCKW, d.h. Unbrennbarkeit, keine Toxizität, passende physikalische und thermodynamische Eigenschaften sowie chemische und thermische Stabilität und gute Werkstoffverträglichkeit [vgl. 154, S. 186 f.]. Diese Eigenschaften werden zum Beispiel von HFKW bzw. FKW, also teil- oder vollflourierten Kohlenwasserstoffen erfüllt. Stellenweise kommen auch Gemische zum Einsatz, die brennbare Bestandteile aufweisen können, daher muss, obwohl das Gemisch selbst nicht brennbar ist, auf eine Dichtheit der Anlagen Wert gelegt werden [vgl. 154, S. 187]. Folgende Abbildung stellt einige Anforderungen und die Typen der Kältemittel gegenüber.

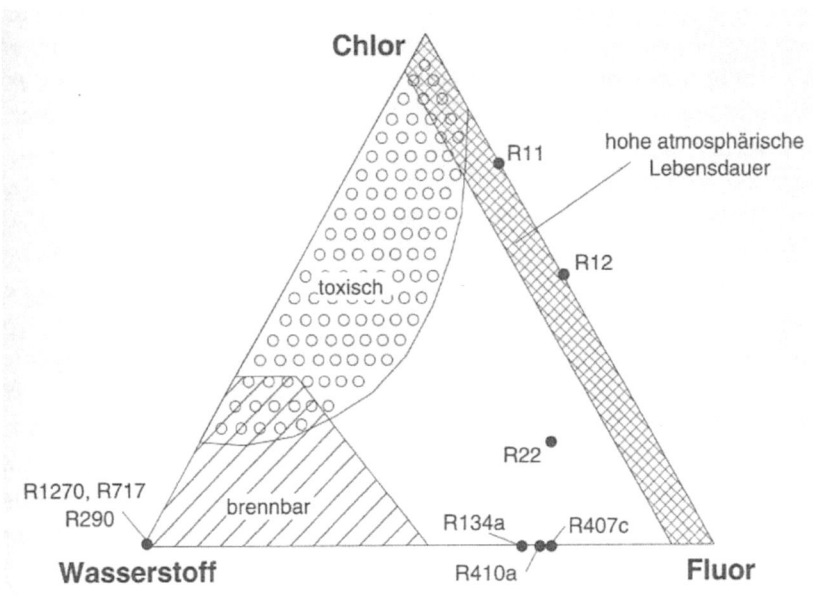

Abbildung 18: Eigenschaften von Kältemitteln [57, S. 87]

Ein Mitarbeiter der Firma Viessmann Werke GmbH & Co. KG , Holger Ehlert, hat bei einem Fachreferat zu dem Thema „Wärmepumpen – Heiztechnik der Zukunft" im Zusammenhang der Rostocker Hausbau Messe am 24. und 25. März 2012 erläutert, dass die Viessmann GmbH je nach Anwendungsbereich vorwiegend R407C und R410A verwendet. Weiter sei nach seinen Kenntnissen auch R134a üblich. Bei den Recherchen nach Kältemitteln stößt man auf eine enorm lange Liste an möglichen Arbeitsmedien.

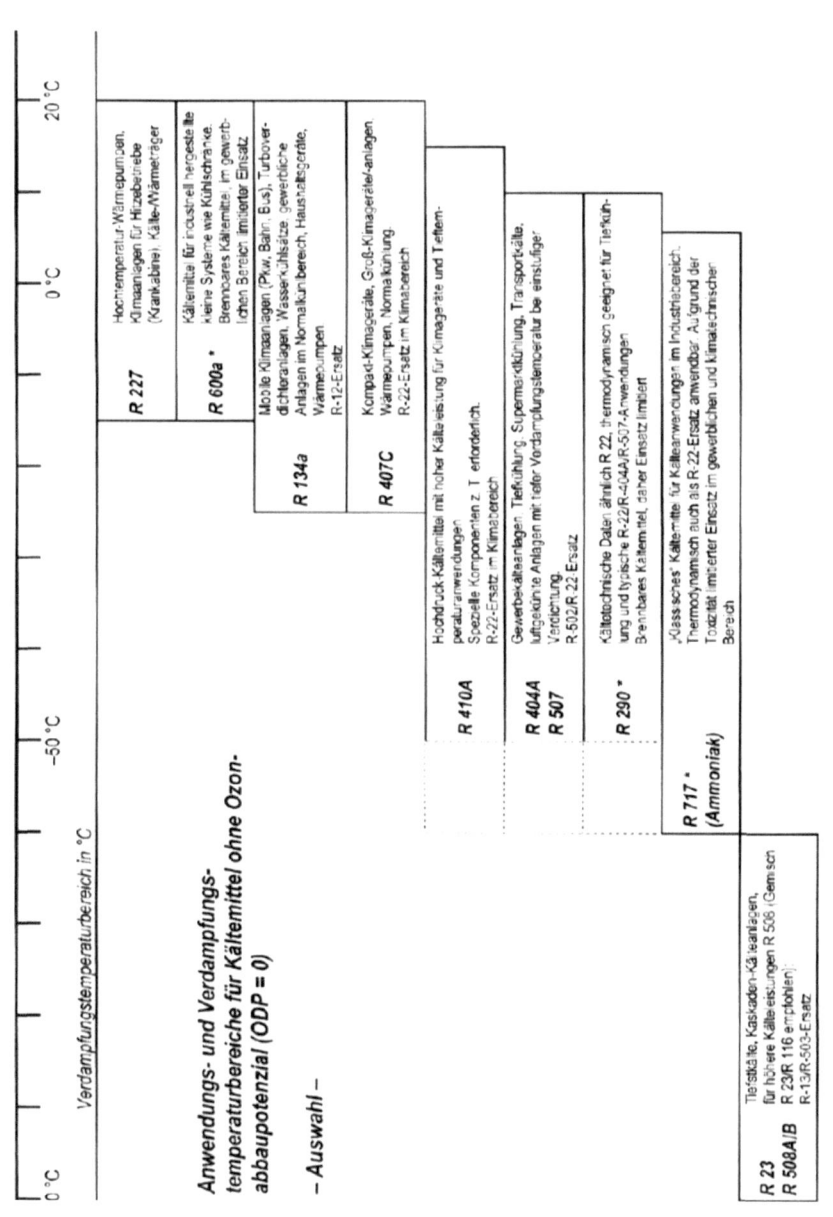

Abbildung 19: Anwendungstemperaturbereiche einiger Kältemittel [154, S. 206]

Die vorangegangene Abbildung zeigt für einige Kältemittel mögliche Anwendungen in Abhängigkeit von den Verdampfungstemperaturbereichen. Hierbei wird deutlich, dass die Arbeitsmedien R134a, R407C und R410A u.a. für die Wärmepumpen geeignet sind. Auf diese wird daher im späteren Verlauf noch eingegangen. Aber nicht nur die Verdampfungstemperaturen sind ausschlaggebend für die Wahl und Entwicklung von Kältemitteln, sondern auch die Dampfdrücke spielen eine wichtige Rolle. Es wird bei der Wahl des Arbeitsmediums darauf geachtet, dass eine Verdampfungstemperatur gewählt wird, bei der der Dampfdruck über dem Umgebungsdruck mit 101 325 Pascal bzw. ca. 1,013 bar liegt. Die Anlagen sind zumeist für maximal 25 bar ausgelegt. Daher sollte der Verflüssigungsdruck darunter liegen. Dabei unterscheidet man bzgl. des in der Anlage vorliegenden Druckniveaus in Niederdruck- (z. Bsp. bei R227), Mitteldruck- (z. Bsp. bei R134a) und Hochdruck-Kältemittel (z. Bsp. bei R410A) [vgl. 154, S. 208]. Dies wird auch anhand folgender Abbildung deutlich.

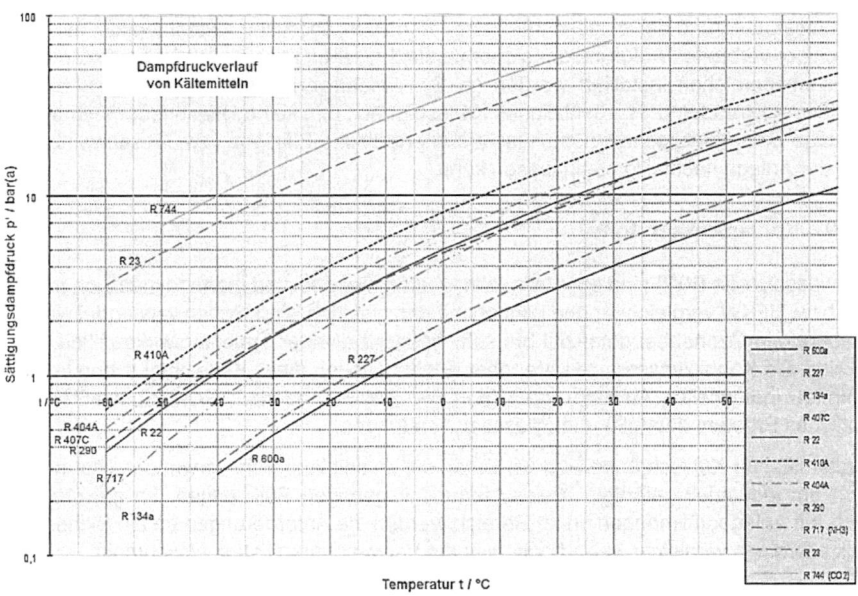

Abbildung 20: Dampfdruckverlauf einiger Kältemittel [154, S. 208]

Im Folgenden wird eine Auswahl in diesem Buch getroffen werden. Einge Kältemittel sollen kurz vorgestellt werden, um eine Vorstellung davon zu vermitteln, welche Eigenschaften die verwendeten Arbeitsmedien im Speziellen haben. Dafür sei unten stehende Tabelle angeführt. Im Anhang (A1 und A2) sind umfangreichere Tabellen angeführt.

Kältemittel	Anwendungstemp.-bereich	Siedetemperatur bei Normaldruck	Verdampfungswärme	Dampfdruck bei 25°C
R134a	-25°C – 20 °C	-26,2 °C	215,5 kJ/kg	6,65 bar
R407C	-25°C – 20 °C	-43,8 °C (Gleit: 7,1 K)	246 kJ/kg	11,86 bar
R410A	Ca. -50 °C – 10 °C	-51,6 °C (Gleit: 0,1 K)	274,5 kJ/kg	16,64 bar
Ammoniak (R717)	-60 – 5°C	-33,5 °C	1369 kJ/kg	7,8 bar
Propan (R290)	Ca. -50 °C – 10 °C	-42,05 °C	425,9 kJ/kg	9,55 bar

Tabelle 1: Ausgewählte Beispiele für Kältemittel [vgl. 154, S. 206 ff., 57, S. 86, 67, S. 90, 47, S. 62]

3.1.3.1. R134a

Das R134a ist ein Fluorkohlenwasserstoff, das heißt R134a ist ein Vertreter der Freone. Die genaue Bezeichnung ist 1,1,1,2-Tetrafluorethan.

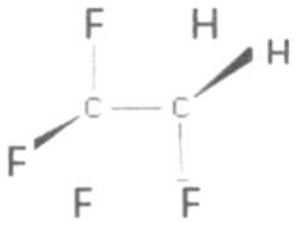

Abbildung 21: Strukturformel des 1,1,1,2- Tetrafluorethans

Das R134a hat nur einen geringen Einfluss auf den Treibhauseffekt, da es keine ozonzerstörenden Bestandteile aufweist. R134a ist ein Kältemittel, das bei Mittel – oder auch Hochdruckapparaturen Anwendung findet. Es hat sich als thermisch ausreichend stabile Verbindung erwiesen. Wasser, Metallabrieb, Metalloxide und andere Verunreinigungen können die Stabilität durch direkte chemische Reaktionen herabsetzen. R134a ist bei normalen Bedingungen nicht explosiv und praktisch nicht brennbar. Es ist sowohl mit herkömmlichen Mineralölen als auch mit Schmiermitteln auf Alkylbenzolbasis unmischbar. Es haben sich synthetische Öle, wie Polyglykole oder einige Esteröle, als gut mit R134a mischbar erwiesen. Bei starker Anreicherung in der Atemluft mit diesem Freon treten ab ca. 20 Vol% Atembeschwerden durch Sauerstoffmangel auf. R134a-Dämpfe sind schwerer als Luft, so dass in Bodennähe höhere Konzentrationen auftreten können. Bei Kontakt mit Flammen und heißen Flächen entstehen giftige Spaltprodukte, u.a. gasförmiger Fluorwasserstoff, der durch seinen stechenden Eigengeruch vor dem Erreichen gefährlicher Konzentrationen warnt [vgl. 84]. Das Kältemittel R134a wird bereits seit 1990 verwendet. Es verfügt über eine relativ geringe Verdampfungstemperatur (geringe Temperaturbelastung für den Verdichter) bei sehr günstigen Leistungszahlen [vgl. 154, S. 201].

3.1.3.2. R407C

Das R407C ist ein Kältemittelgemisch und wurde für den Klima- und Wärmepumpenbereich entwickelt. Dieses Kältemittel setzt sich aus den nachfolgenden Kältemitteln zusammen: Aus dem sogenannten R32 (Difluormethan), dem R125 (Pentafluorethan) und dem zuvor angesprochenen R134a (1,1,1,2- Tetrafluorethan) in einem Massenveräterhältnis von 23:25:52 [vgl. 147].

Abbildung 22: Strukturformeln von R32 (links) und R125 (rechts)

Die thermischen Eigenschaften von R407C werden durch die beteiligten Komponenten bestimmt. Die thermische Stabilität dieses Kältemittels ist im Allgemeinen höher als bei chlorhaltigen Kältemitteln. Aufgrund des Wasserstoffatoms im Molekül ergeben sich andere Lösungseigenschaften im Vergleich zu den FCKW. Wasser, Metallabrieb, Metalloxide und andere Verunreinigungen können auch hier die Stabilität durch chemische Reaktionen herabsetzen. Zu hohe Feuchtigkeitsgehalte im Kältemittelkreislauf können zur Hydrolyse und damit zur Korrosion an Metallen sowie zur Beeinträchtigung der Eigenschaften organischer Isolier-und Dichtungsstoffe führen. Die Gemischkomponente R32 ist brennbar. R407C dagegen bildet mit Luft unter normalen Bedingungen keine zündfähigen Gemische. Das Mischungsverhalten ist ähnlich dem des Arbeitsmediums R134a. Dies stellt aber nicht die einzige Gemeinsamkeit dar. Das Arbeitsmedium R407C hat ähnliche Gefahrenpotentiale für den Menschen wie das R134a [vgl. 84 / 147].

3.1.3.3. R410A

R410A ist ebenfalls ein Gemisch aus verschiedenen Kältemitteln. Es setzt sich aus dem R32 (Difluorethan) und dem R125 (Pentafluorethan) in einem Masseverhältnis von 60:40 nach Olav Möller [vgl. 84] bzw. von 50:50 nach dem Sicherheitsdatenblatt der Firma TYCZKA Industrie-Gase GmbH [vgl. 148] zusammen. Die Eigenschaften entsprechen im Wesentlichen denen der vorher angesprochenen Verbindung R407C [vgl. 148].

3.1.3.4. „natürliche" und weitere Kältemittel

Das R717 (Ammoniak) zählt zu den natürlichen Kältemitteln [vgl. 87, S. 6 f.]. das R290 (Propan) und das R170 (Ethan) zu den Kohlenwasserstoffen. Ein Kältemittel, das auf natürlichen Grundlagen basiert, ist das R744. Es ist besser als Kohlenstoffdioxid bekannt. Insbesondere bei der Verwendung von diesem Kältemittel sollen Wärmepumpen besonders geeignet für die Heizung und die Warmwasserbereitung sein. CO_2-Wärmepumpen arbeiten mit einem höheren Druck, dadurch erreichen sie höhere Temperaturen und sind damit sehr energieeffizient [vgl. 149].

Ammoniak wird bereits seit mehr als 100 Jahre verwendet.

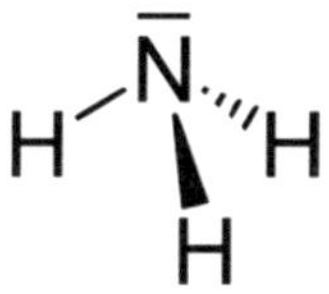

Abbildung 23: Strukturformel von R717

Es ist ein Standardkältemittel im industriellen Bereich. In kleineren Systemen aber aufgrund der schlechten Materialverträglichkeit eher ungünstig. Propan wird Kühlaggregaten oder auch Wärmepumpen eingesetzt.

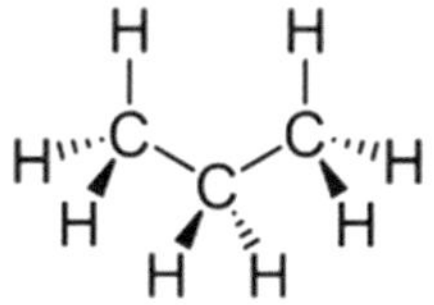

Abbildung 24: Strukturformel von R290

Es weist ein niedriges Treibhauspotential auf. Aufgrund der brennbarkeit von Propan müssen Sicherheitsvorschriften erfüllt werden [vgl. 154, S. 205 ff.].

3.1.4. Wärmepumpen in der Anwendung

Einer natürlichen Wärmequelle, wie Wasser, Erdreich oder Luft, wird mittels einer Wärmepumpe Wärme entzogen, um diese für den Heizbetrieb im Wohnhaus zu zugänglich zu machen. Die Energie, die durch die Sonneneinstrahlung oder durch den Erdkern entsteht, kann also genutzt werden. Die Energie steht somit kostenlos zur Verfügung.

Im Folgenden sollen einige Wärmquellen im Zusammenhang mit der Wärmepumpe erläutert werden.

3.1.4.1. Luft als Energiequelle

Die Abluft oder die Außenluft wird über einen Wärmetauscher geführt. Dieser ist mit dem Verdampfer einer Wärmepumpe verbunden, sodass das Kältemittel die Energie aus eben jener Luft „entzieht" und verdampft [vgl. 50, S.35]. Dafür sind geeignete Ansaugsysteme notwendig. Nach dem Mitarbeiter der Firma Viessmann Holger Ehlert sind Luftwärmepumpen im Vergleich zu anderen weniger effektiv und laut während des Betriebes. *„Das Problem dieser Wärmequelle ist offensichtlich: Gerade dann, wenn die Heizleistung am größten sein soll, nämlich im Winter, sind die Lufttemperaturen am niedrigsten"* [19, S. 34].

3.1.4.2. Erdreich als Energiequelle

In der Tiefe von 1,2 m bis 2 m und einem Abstand von ca. 0,75 m werden Kunststoffrohrschlangen verlegt, durch die ein Gemisch aus Wasser und Frostschutzmittel fließt. Der Abstand der Rohrleitungen untereinander ist von enormer Bedeutung, weil dieser eine gegenseitige Beeinflussung verhindert, um optimale Leistung bzw. Wärmeaustausch zu erzielen. Das Flüssigkeitsgemisch nimmt einen Teil der Energie im Erdboden auf und führt sie einem Wärmetauscher zu. Dieser wird vom Arbeitsmedium der Wärmepumpe durchströmt, das dabei verdampft [vgl. 50, S.35].

Der große Vorteil dieser Energiequelle ist die über das Jahr hinweg annähernd konstante Temperatur von 8 bis 10 °C. Es gibt zwei Möglichkeiten, die Erdwärme zu gewinnen: einerseits durch Flächenkollektoren und andererseits durch Erdsonden, die im Folgenden kurz angerissen werden sollen [vgl. 19, S. 34].

Unter Flächenkollektoren versteht man ein unter der Erdoberfläche verlegtes Leitungssystem gemäß folgender Abbildung:

Abbildung 25: Wirkungsschema der Flächenkollektoren [38]

Es ist zu beachten, dass die Fläche, die von dem Rohrleitungssytem eingenommen wird, ungefähr das Doppelte der zu beheizenden Fläche einnimmt [vgl. 26, S. 8 f.]. Daher sind aufwendige Bodenarbeiten nötig. Außerdem benötigt nach Ehlert die Vegetation aufgrund der entzogenen Wärme mehr Zeit zum Gedeihen. Zudem ist zu beachten, dass nicht die gesamte Fläche, unter der die Flächenkollektoren eingebunden sind, bebaut sein darf. Denn die Energie kommt nicht nur vom Erdinneren, sondern auch von der Sonne [vgl. 26, S. 9]. Bei den Erdsonden wird eine deutlich kleinere Fläche benötigt [vgl. 19, S.35]:

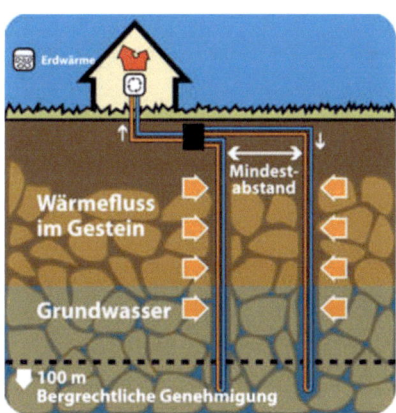

Abbildung 26: Wirkungsschema der Erdsonden [37]

Die Bohrungen für die Leitungen erfolgen senkrecht bzw. annähernd senkrecht zum Erdboden. Die Tiefe dieser hängt entscheidend von den vorliegenden Gesteinseigenschaften, dem Grundwasserfluss, der zu beheizenden Fläche und der Anzahl der Bohrungen ab. Da das Umfeld der Sonden abgekühlt wird, sind Mindestabstände zwischen den Sonden zu beachten. Dadurch wird eine gegenseitige Beeinflussung vermieden und die optimale Funktionfähigkeit der Erdwärmeanlage garantiert [vgl. 37].

3.1.4.3. Wasser als Energiequelle

Das Abwasser, Gewässer und auch das Grundwasser können über ein Leitungssytem über den Verdampfer einer Wärmepumpe geleitet werden. Dem Wasser wird dabei die Energie entzogen. Wenn das Grundwasser genutzt werden soll, sind dafür zwei Brunnen notwendig: Der Förderbrunnen liefert das Grundwasser und der Schluckbrunnen führt das Wasser, das die benötigte Wärmeenergie abgegeben hat, wieder in das Grundwasser zurück [vgl. 50, S. 35]:

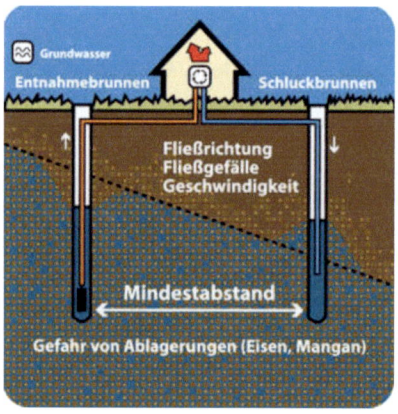

Abbildung 27: Wirkungsschema der Brunnensysteme [39]

Sofern eine wasserrechtliche Bewilligung vorliegt, darf diese Wärmequelle genutzt werden. Das Grundwasser besitzt eine Temperatur von 7- 12 °C und stellt damit, ebenso wie das Erdreich, eine geeignete Wärmequelle dar [vgl. 26, S. 9]. *„Lage und Abstand der beiden Brunnen sind abhängig von der Fließrichtung, dem Gefälle und der Fließgeschwindigkeit des Grundwassers. Weiterhin ist die chemische Zusammensetzung des Grundwassers zu berücksichtigen"* [39]. Wärmepumpen dieser Art erreichen eine hohe Leistungszahl; es ist aber zu beachten, dass im Erdboden viele für das System schädliche Stoffe vorhanden sind, wie zum Beispiel Mangan, Eisen und Kalk, die sich an den Systemen ablagern und die Funktionsweise beeinträchtigen können [vgl. 19, S. 35].

3.1.4.4. Eisheizung – Heizen mit Eis? – Eis als Energiequelle

Bevor auf die Funktionsweise der sogenannten Eisheizung eingegangen wird, wird zunächst eine Abbildung angeführt, bei der die Energiemengen, die bei einer Aggregatzustandsänderung von 1 kg Wasser aufgenommen oder abgegeben werden, veranschaulicht werden:

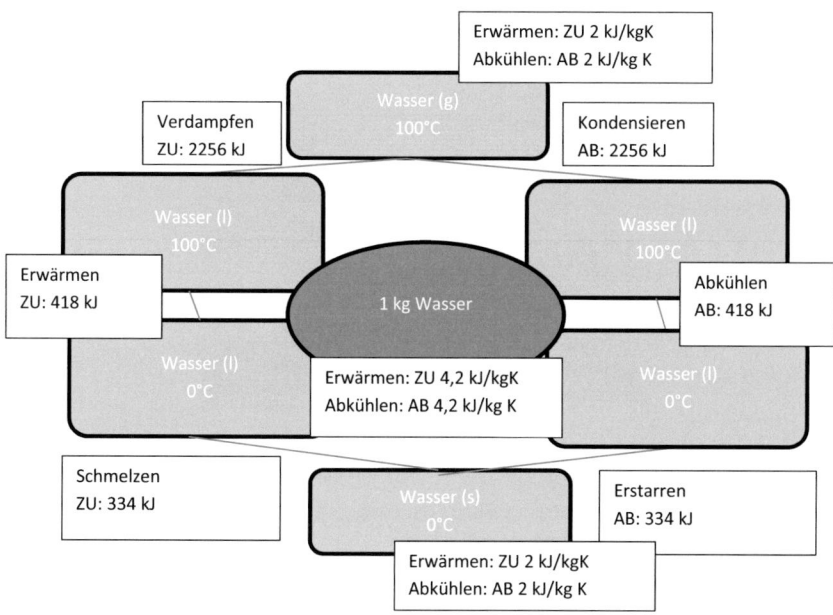

Abbildung 28: Zugeführte und abgegebene Energie bei von 1 kg Wasser [vgl. 156, S.43 und vgl. 157, S. 81]

Es wird deutlich, dass die Energie, die beim Erstarren von Wasser abgegeben wird, als Nutzwärme gebraucht werden kann. Die beim Gefrieren von Wasser freiwerdende Energie entspricht der Kritsallisationsenergie. So wird beim Erstarren von 0°C kaltem Wasser zu Eis die gleiche Energiemenge frei wie beim Abkühlen von 79,9°C heißem Wasser auf 0°C kaltem Wasser. Die Kristallisationswärme kann durch eine Wärmepumpe zugänglich gemacht werden [vgl. 36].

Im Zusammenhang mit der Diskussion über den Klimawandel sind Heizsysteme ohne Kohlenstoffdioxidproduktionen von besonderem Interesse [vgl. 56]. Das Wirkungsprinzip gestaltet sich sehr einfach: Das Wasser wird bspw. durch Sonnenkollektoren erwärmt. Die vom Wasser abgegebene Wärme bis zum Gefrierpunkt kann dann als Nutzwärme über eine Wärmepumpe abgeführt werden. Das Wasser wird dabei immer kälter und hält beim Erstarren seine Temperatur. Die nun bereitgestellte Energie ist die Erstarrungswärme.

Diese kann wiederum zum Heizen genutzt werden. Ist das Wasser in dem Tank komplett durchgefroren, so muss wieder Energie hinzugeführt werden. In einer Episode der ProSieben Sendung Galileo [49] wird darauf verwiesen, dass durch eine Solaranlage Energie hinzugeführt wird. Auf diese Weise wird ein Mal monatlich das Wasser gefroren und geschmolzen. Die Wirkungsweise gestaltet sich wie folgt:

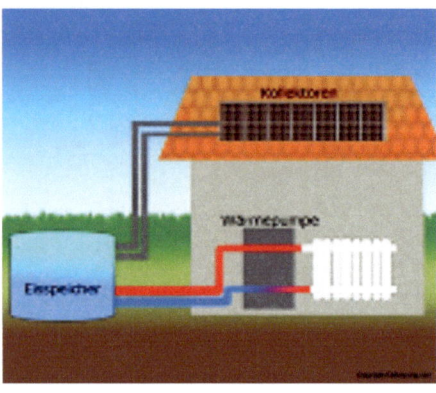

Abbildung 29: Wirkungsschema einer Eisheizung [vgl. 36]

Das Wasser wird in einem unterirdischen Betonspeicher gelagert. Es kann dort, wie oben beschrieben wurde, von einer Solaranlage o. Ä. erwärmt werden. Dem Wasser wird über eine Wärmepumpe die Energie entzogen, sodass es zum Gefrieren des Wassers kommt. Gefriert das Wasser von außen (Betonwand) nach innen, wie es in natürlicher Weise geschehen würde, würde der Betonspeicher der Kraft des gefrierenden Wassers nachgeben und gesprengt werden, weil das Wasser eine Anomalie aufweist. Während viele andere Stoffe beim Abkühlen an Volumen abnehmen, nimmt das Volumen von Eis allmählich zu. Beim Kristallisationsvorgang von außen nach innen schieben sich allmählich die entgegenstrebenden Eisschichten über- und untereinander. Als Folge des begrenzten Volumens baut das Eis einen immer größer werdenden Druck aus, dem der Betonspeicher irgendwann nachgibt. Im Betonspeicher wird allerdings die Energie dem Wasser so entzogen und zugeführt, dass dieser Vorgang von innen nach außen stattfindet. In solch einem präparierten Betonspeicher kann sich dann das Eis von der Mitte im Inneren nach außen bilden, ohne den Betonmantel aufzusprengen [vgl. 36].

4. Energiespeicherung

Die Vermeidung weiterer Klimaveränderungen und Umweltbelastungen rücken in den Vordergrund bei der Energieversorgung. Daher werden neben bestimmten Energieeintragsmöglichkeiten auch die Energiespeicher als fester Bestandteil der heutigen Anforderungen an das Energieversorgungssystem genannt. Überflüssig in das System eingetragende Energie soll dabei für spätere Verwendung gespeichert werden. Gerade bei der Nutzung der Energie der saisonbedingten Energieträger, wie Wind und Sonne, deren Nutzen entsprechend den Vorgaben der Bundesregierung Deutschlands bis 2020 noch signifikant steigen soll [vgl. 102], ist dies von Bedeutung. So soll sie bei Zeiten hohen Aufkommens gespeichert und in Zeiten geringeren Aufkommens wieder genutzt werden können [vgl. 126, S. 1]. So wird, wie schon in Kapitel 2.6 deutlich wurde, im zweiten Charakteristikum der Energiesparhäuser auf Speichermöglichkeiten von Energie zurückgegriffen. Dieses Buch soll auch dafür einen Überblick geben. Dabei wird insbesondere die Speicherung der thermischen Energie betrachtet, weil die thermische Energie besonders relevant für den bearbeiteten Kontext ist.

Ein Energiespeicher dient der Speicherung der Energie, um diese später nutzen zu können. Dabei können Energieumwandlungen stattfinden, bei denen immer gewisse Verluste auftreten, da sich die gespeicherte Energieform oft von der Nutzenergie unterscheidet [vgl. 102]. So wird zum Beispiel die bei einer Batterie nutzbare elektrische Energie als chemische Energie gespeichert. Bei vielen Speichertechnologien ist ein Kompromiss zwischen einerseits hohem Wirkungsgrad und hoher Leistungsdichte und andererseits guter Handhabbarkeit und Zyklenbeständigkeit zu suchen. Um diesen Kompromiss bestmöglich zu gestalten, werden bereits bestehende Energiespeichertechnologien genauer untersucht und ggf. verbressert. Solche Verbesserungen können in einzelnen Eigenschaften sein, wobei andere Eigenschaften eine Verschlechterung erfahren können [vgl. ebd.]. So stehen zum Beispiel *„höhere Leistungsdichten von Lithium-Ionen-Akkumulatoren einer abnehmenden Robustheit und zunehmenden Kosten gegenüber"* [ebd.].

Die Klassifikation der Energiespeicherung richtet sich nach der gespeicherten Energieform, wie folgende Abbildung zeigt:

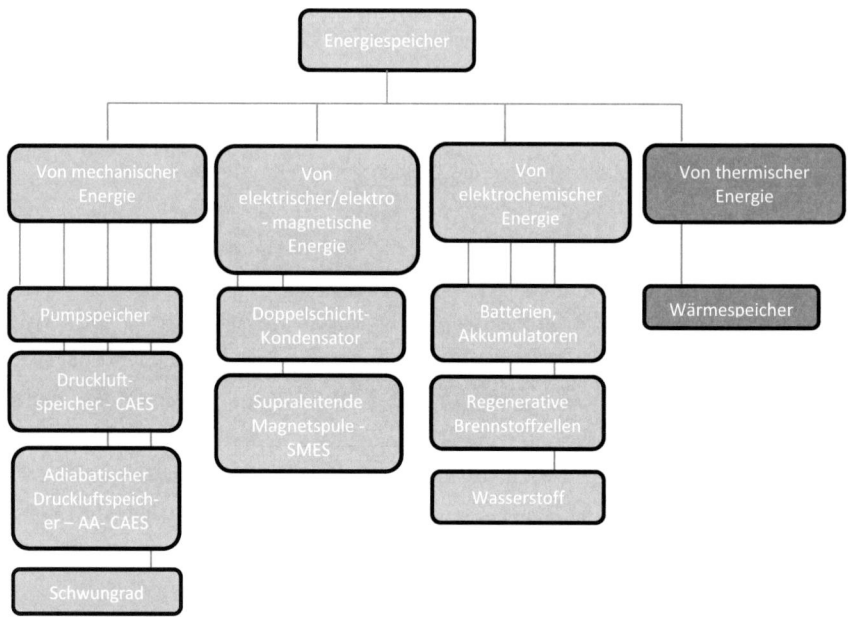

Abbildung 30: Einteilung der Energiespeicher nach gespeicherter Energieform mit Hervorhebung der thermischen Energiespeicherung [vgl. 83 und 10, S. 107]

Es gibt also eine Reihe von Energiespeicherungsmöglichkeiten für die elektrische, die elektrochemische, die elektromagnetische und die mechanische Energie. Für die hier im Fokus stehende Thematik der Thermodynamik rund um das Haus ist es sinnvoll, lediglich auf die Möglichkeiten der thermischen Energiespeicherung einzugehen. Denn weltweit wird ein Großteil der Primärenergie für das Bereitstellen von Wärmeenergie aufgewandt [vgl. 150, S. 118]. Auf die anderen Energiespeicherformen wird nicht weiter eingagangen.

4.1. Speicherung thermischer Energie

Für die Speicherung von thermischer Energie ist ein Speichermedium notwendig. Dieses soll in kurzer Zeit möglichst viel Wärme aufnehmen und speichern. Dabei ist die Beladeleistung die Energiemenge, die zum „Aufladen" des Speichers benötigt wird. Die Entladeleistung kann analog dazu beschrieben werden. So ist die Entladeleistung eben jene Energiemenge, die bei späterer Nutzung der gespeicherten Energie vom Speichermedium wieder abgegeben wird [vgl. 15, S. 147]. Offensichtlich ist im Idealfall die Aufladeleistung gleich der Entladeleistung.

Das Speichermedium soll räumlich so begrenzt sein, dass es zu keiner unerwünschten Abgabe der gespeicherten Wärme kommt. Dafür benötigt man gewisse Behälter, die unterschiedliche Größen annehmen können. Diese werden ebenfalls als Speicher bezeichnet [vgl. 15, S. 147]. In diesem nichtabgeschlossenen System kann die gespeicherte Energie durch die innere Energie ausgedrückt werden. Nach dem ersten Hauptsatz der Thermodynamik gilt:

$$Q = U + pV.$$

Die Absolutwerte der Wärme Q und der inneren Energie U sind, wie bereits in Kapitel 2 erwähnt, unbekannt. Wird dem Speicher Energie zugeführt, ändert sich die innere Energie um dessen Betrag. So können die Änderungen betrachtet werden. Gerade für die Be- und Entladung von Speichern ist diese Aussage ausreichend [vgl. 15, S. 147]:

$$\Delta Q = \Delta U + \Delta W.$$

Wird dem System also Wärmeenergie zugeführt, das heißt $\Delta Q > 0$, so muss die Änderung der inneren Energie, das heißt $\Delta U > 0$, oder die Änderung der Arbeit, das heißt $\Delta W > 0$, um den gleichen Betrag vergrößern. Damit weist diese Gleichung auf die beiden Möglichkeiten der thermischen Energiespeicherung hin: einerseits durch Erhöhung der inneren Energie des Speichermediums

$$\Delta U = m\, C_v\, \Delta T$$

und andererseits durch Umwandlung in mechanische Energie $\Delta W = V\, \Delta P$ [vgl. 104, S. 227]. Die Speicherung von mechanischer Energie soll hier nicht thematisiert werden, da die Speicherung mechanischer Energie über Gsdruckspeicher, Massespeicher, Pumpspeicherkraftwerken und Schwungräder vom besonderen Interesse für die Physik sind. Insbesondere für die Chemie ist die Speicherung der Wärme über Änderung der inneren Energie von Bedeutung. Wenn beim Wärmetransport die Temperatur nicht konstant bleibt, spricht man von fühlbarer oder sensibler Wärme. Bleibt die Temperatur hingegen konstant, liegt latente oder versteckte Wärme vor. Diese tritt zum Beispiel bei Phasenumwandlungen, also Aggregatzustandsänderungen, auf. Wenn sich die Bindungsenergie durch chemische Reaktionen verändert, spricht man von chemischer Wärme [vgl. 15, S. 147].

Es liegen also drei wesentliche Speichermöglichkeiten vor:
- **Speicherung sensibler Wärme**, wobei die Speicher beim Belade- und Entladevorgang ihre Temperatur ändern
- **Speicherung latenter Wärme**, wobei die Speicher beim Belade- und Entladevorgang ihre Temperatur nicht ändern
- **Speicherung chemischer Wärme**, wobei die Speicher zum Beispiel über chemische Reaktionen die Wärme speichern

[vgl. 108, S. 118]. Daraus sind folgende Speichersysteme ersichtlich:

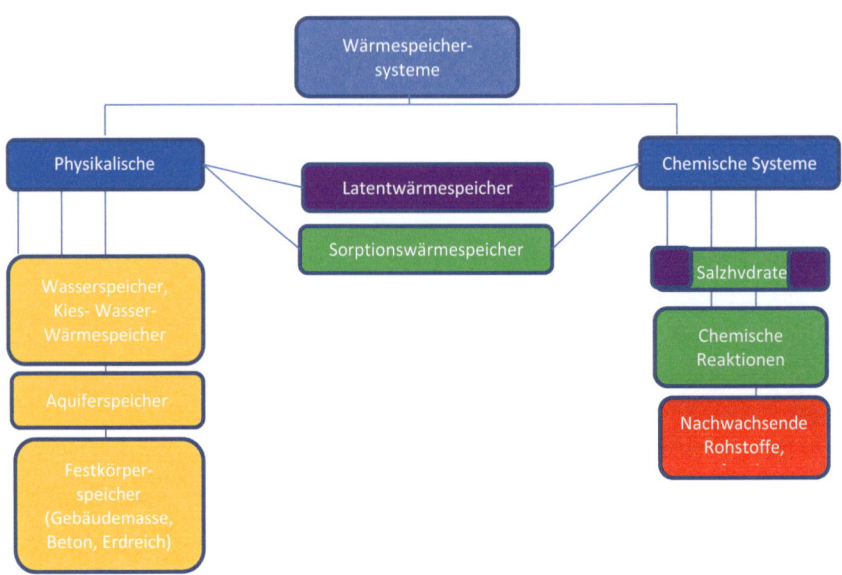

Abbildung 31: Eine mögliche Einteilung der Wärmespeichersysteme [vgl. 132, S. 3]

Die Wasserspeicher, Aquiferspeicher und Festkörperspeicher beruhen auf dem Prinzip der Speicherung sensibler Wärme (orange Markierung). Die Sorptionsspeicher und die chemischen Reaktionen stellen thermochemische Speichermöglichkeiten dar (grüne Markierung). Salzhydrate nehmen eine Sonderstellung ein, da sie entweder im eigenen Kristallwasser schmelzen oder ihnen durch Erwärmung das Kristallwasser ausgetrieben werden kann. Daher stellen einige Salzhydrate Latentwärmespeicher (violette Markierung) und andere thermochemische Speicher dar. Die nachwachsenden Rohstoffe und die fossilen Brennstoffe sind über einen gewissen Zeitraum hinweg gespeicherte Sonnenenergie, die zum Beispiel bei Verbrennung genutzt werden kann. Diese rot markierten Speicher sollen im weiteren Verlauf des Buches allerdings nicht berücksichtigt werden.

Weitere Einteilungsmöglichkeiten ergeben sich aus der Speicherdauer sowie der Temperaturbereiche. So lassen sich folgende Gliederungen finden: Da es bei thermischen Energiespeichern vor allem darum geht, selbst bei einem schwankenden Energieeintrag, zum Beispiel durch die Solarenergie, stets die gewünschte Wärme bereitzustellen, unterscheidet man in Langzeitspeicher und Kurzzeitspeicher. Letztere werden für die Überbrückung von wenigen Stunden oder Tagen genutzt. Für die Kurzzeitspeicherung sind herkömmliche, isolierte Wassertanks geeignet. In der Regel weisen sie ein Volumen von 1-50 m³ auf. In Sonderkosntruktionen können sie aber bis zu einem Volumen von 5 000 m³ erweitert werden [vgl. 14, S. 333]. Auf Langzeitspeicher greift man hingegen zurück, wenn saisonale Wärmeunterschiede überbrückt werden sollen. Sie müssen daher auch ein deutlich größeres Volumen aufweisen [vgl. 108, S. 117 f.]. Bisher haben sich dafür die nachstehenden Speichertypen für die Langzeitspeicherung etabliert: Heißwasser- Wärmespeicher, Aquifer- Wärmespeicher, Erd- und Felsspeicher, Kies/Wasser- Wärmespeicher und Hohlräume in Felsen, auch bezeichnet als Fels- Kavernen [151, S. 7 und 108, S. 118]. Diese werden ausführlicher in dem Kapitel 4.1.1. behandelt.

Zusätzlich kann man auch die Temperaturbereiche als Unterteilungskriterium nutzen. So existieren die für dieses Buch bedeutsamen Niedertemperaturspeicher für Temperaturen, die kleiner als 100 °C sind. Daneben existieren die Mitteltemperaturspeicher für Temperaturen zwischen 100 °C und 500 °C und die Hochtemperaturspeicher für Temperaturen über 500 °C [vgl. 108, S. 118]. Die Mittel und Hochtemperaturspeicherung nehmen aber im Bezug auf die Anwendung auf das Haus keine große Bedeutung ein. Erst wenn der Energieeintrag mit Solarkollektoren erfolgt, können solche Wärmespeicher mitbetrachtet werden. Diese können nämlich Temperaturen von mehr als 600°C erreichen. Da auf den Energieeintrag mit der Solarenergie in dieser Studie verzichtet wurde, werden die Mittel- und Hochtemperaturspeicher nicht weiter berücksichtigt.

In den nachstehenden Unterkapiteln sollen die drei wesentlichen Speichertypen von Wärmeenergie näher erläutert werden, nämlich die sensible, latente und chemische Wärmespeicherung.

4.1.1. Sensible Wärmespeicherung

Bevor auf die Speicherung sensibler Wärme eingegangen wird, sollen die Begriffe „sensible Wärme" und „Wärmekapazität" erörtert werden, um ein besseres Verständnis für sensible Wärmespeicher zu ermöglichen. Infolgedessen wird eine klare Abgrenzung zu den anderen beiden zu betrachtenden Speicherformen deutlich.

4.1.1.1. Sensible Wärme

Als sensible Wärme bezeichnet man die Energie, die ein Medium bei Erwärmung unter Temperaturzunahme speichert bzw. die ein Medium bei Abkühlung unter Temperaturabnahme an die Umgebung abgibt. Bei einer Energiezufuhr erhöht sich also die Temperatur des Speichermediums um $\Delta T = T_{Ende} - T_{Anfang}$. Es gilt also für die gespeicherte Wärme:

$$Q_{Speicher} = m \, c \, \Delta T$$

mit c als spezifische Wärmekapazität, m als die Masse des Speichermediums und ΔT als Temperaturdifferenz. Dabei findet kein Phasenwechsel statt [vgl. 15, S. 147 f.]. Damit ist ein wesentlicher Unterschied zu den später angeführten Latentwärmespeichern gegeben. Wie an der Gleichung zu erkennen ist, nimmt die Wärmekapazität eine bedeutende Rolle bei der Wahl des Speichermediums ein.

4.1.1.2. Wärmekapazität

Die Wärmekapazität C gibt im Allgemeinen an, wie viel thermische Energie ein Körper bezogen auf die Temperaturveränderung speichern kann

$$C = \frac{\Delta E_{thermisch}}{\Delta T}.$$

Wenn der energieaufnehmende Stoff homogen ist, kann die Wärmekapazität als extensive Größe bezüglich der Stoffmenge (1 Mol) oder der Masse (1 g oder 1 kg) oder auch dem Volumen (1 l oder 1 m³) normiert werden [vgl. 1, S. 238]. Daraus ergeben sich die molare Wärmekapazität, die spezifische Wärmekapazität und die Wärmespeicherzahl. Die molare Wärmekapazität ergibt sich wie folgt:

$$C_{mol} = \frac{\Delta E_{thermisch}}{n\,\Delta T}.$$

Hingegen bei der spezifischen Wärmekapazität eine Normierung bzgl. der Masse erfolgt:

$$c = \frac{\Delta E_{thermisch}}{m\,\Delta T}.$$

Bei der Wärmespeicherzahl bezieht man sich auf das Volumen

$$s = \frac{\Delta E_{thermisch}}{V\,\Delta T}.$$

Insgesamt ergibt sich folgender Zusammenhang:

$$C = C_{mol}\,n = c\,m = s\,V.$$

Die Wärmekapazität gilt nicht über Phasenübergänge hinweg. So haben bspw. flüssiges Wasser und Wasserdampf unterschiedliche Wärmekapazitäten. Sie ist innerhalb eines Aggregatzustandes mehr oder weniger von der Temperatur abhängig, wie die nachstehenden Werte zeigen:

Temperatur in °C	Wärmekapazität des Wassers (l) in $\frac{kJ}{kg\,K}$
0	4,218
20	4,182
40	4,179
60	4,184
80	4,196
100	4,216

Tabelle 2: Übersicht von spezifischen Wärmekapazitäten von Wasser bei konstantem Druck [vgl. 43]

Nicht nur die Temperatur ist eine Einflussgröße. Der Druck und das Volumen sind ebenfalls einflussreiche externe Bedingungen. Während bei einer isochoren Zustandsänderung die zugeführte Wärmeenergie gänzlich zur Erhöhung der Temperatur und damit Erhöhung der kinetischen Energie der Teilchen eines Stoffes führt, wird bei isobaren Prozessen Volumenarbeit verrichtet. So dehnt sich ein Gas bei Erwärmung aus, wenn der Druck konstant bleiben soll. Daher muss Volumenarbeit verrichtet werden. Man kann aufgrund der Abhängigkeit von den äußeren Zwangsbedingungen unter denen Wärmezufuhr erfolgt zwei weitere Wärmekapazitäten unterscheiden.

Die isochore Wärmekapazität ist die Wärmekapazität bei konstantem Volumen. Bei einer isochoren Erwärmung wird nur Energie in Form von Wärme zur Temperaturerhöhung zugeführt. Das Volumen bleibt konstant und damit ergibt sich keine Volumenausdehnung. Daher muss keine Volumenarbeit geleistet werden. Die isochore Wärmekapazität ergibt sich aus:

$$C_V = \left[\frac{dQ}{dT}\right]_{V=\text{const.}}$$

Bei einer isobaren Erwärmung nimmt das System Wärme bei konstantem Druck p auf. Dabei kommt es infolge einer Volumenänderung zu einer zu leistenden Volumenarbeit. Die isobare Wärmekapazität ergibt sich aus:

$$C_p = \left[\frac{dQ}{dT}\right]_{p=\text{const.}} = \left[\frac{dH}{dT}\right]$$

[vgl. 1, S. 249]. Für feste Stoffe kann man in kleinen Temperaturbereichen eine mittlere spezifische Wärmekapazität verwenden. Bei immer weiter sinkenden Temperaturen sind die Werte der Wärmekapazität sehr gering und streben beim Übergang zum absoluten Nullpunkt der Temperatur dem Wert 0 entgegen [104, S. 228].

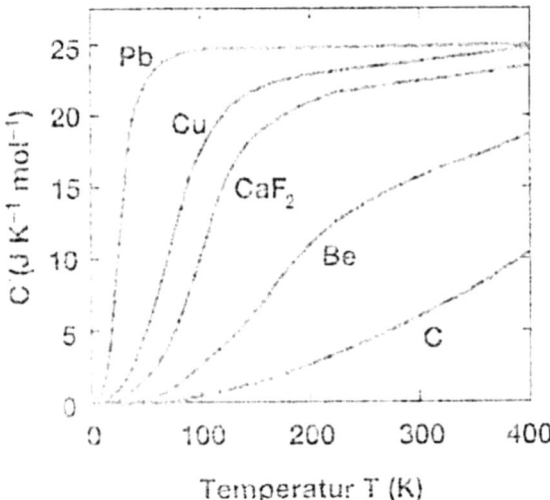

Abbildung 32: Temperaturabähängige Wärmekapazität für T → 0 auch C$_{mol}$ → 0 [104, S. 228]

Zur Beschreibung von Feststoffen wird für höhere Temperaturen das Dulong- Petit- Gesetz herangezogen. Es sagt vorraus, dass ein idealer Feststoff eine konstante molare Wärmekapazität von

$$C_{mol} = 3\,R \approx 25\,\frac{J}{mol\,K}$$

aufweist. In der Realität treten wegen dem dritten Hauptsatz der Thermodynamik und dem bei hoher Temperatur auftretenden Phasenübergang Abweichungen in Erscheinung [vgl. 104, S. 228].

Man kann sogar erkennen, dass bei Feststoffen und Flüssigkeiten die isochoren und isobaren Wärmekapazitäten mit einander vergleichbar sind, das heißt $C_V \approx C_p$. Dies trifft nicht für Gase zu [vgl. 1, S. 249]. Insbesondere die isobare und isochore Wärmekapazität von idealen Gasen hängt stark von den Zwangsbedingungen ab. Für ideale Gase gilt

$$C_p = C_V + nR$$

[vgl. 1, S. 250]. Insgesamt resultiert hieraus, dass sich zur Speicherung sensibler Wärme in kapazitiven Speichern vor allem Stoffe mit hoher Wärmekapazität eignen. Zudem soll das Volumen bei einer Temperaturerhöhung annähernd konstant bleiben [vgl. 105, S.227]. Bei flüssigen und festen Speichermedien kann bei Erwämung auftretende Volumenänderung vernachlässigt werden [vgl. 21, S.27]. Daher kommen als Speichermedien nur feste und flüssige Stoffe in Frage. Die molare Wärmekapazität dabei dann oft durch die spezifische Wärmekapazität ersetzt:

$$C_m = \frac{c}{M}$$

[vgl. 104, S. 227]. Oft verwendetet Speichermaterialien im Niedertemperaturbereich sind Wasser (4,19 kJ kg^{-1} K^{-1}), sowie Holz (2,39 kJ kg^{-1} K^{-1}) und Stein (0,8439 kJ kg^{-1} K^{-1}). Speicherdichte ist allerings auch entscheidend, so sollte man die Dichten dieser Medien heranziehen. So kann es vorkommen, dass 1 m³ Gestein mehr Energie speichern kann als 1 m³ Holz [vgl. 90]. Unter diesen Aspekten stellt Wasser, wegen seiner hohen Wärmekapazität, ein besonders geeignetes Speichermedium dar. Gerade bei sensiblen Wärmespeichern kommt es oft zur Anwendndung. Wasser ist in ausreichender Menge vorhanden. Zusätzlich ist es ungiftig und chemisch stabil. Ein weiterer Vorteil ist, da Heizanlagen oft mit Wasser als Wärmeträger funktionieren, dass die Speicherung und der Transport über das gleiche Medium erfolgen können [vgl. 69, S. 35]. Allerdings ist Wasser ein schlechter Wärmeleiter. Die Energie muss durch Bewegung transportiert werden. Warmes Wasser ist leichter als kaltes. Es dehnt sich aus und gelangt im Speicher nach oben. So kommen relativ stabile Schichten von Wasser mit unterschiedlichen Temperaturniveaus zustande. Dieses Prinzip wird für den Keislauf im Wärmespeicher genutzt. Weiterhin kommt der Isolierung der Behälter eine besondere Bedeutung zu [vgl. 69, S. 35 f.]. Das Prinzip der Dämmung eines Hauses ist ähnlich, daher wird hier nicht weiter auf die Isolierung eingegangen (siehe Kapitel 5.1.). Wasser besitzt eine kleinere Wärmespeicherdichte als Öle. So können 150 Liter Wasser bei nutzbarer Temperaturdifferenz von 60 K genau die gleiche Energiemenge speichern wie ein Liter Öl [vgl. 69, S. 35].

Neben den genannten Stoffen werden in der Praxis auch auf andere Medien zurückgegriffen. Sand, Kies und Öle werden nicht wegen der Wärmekapazität, die geringer ist als beim Wasser, genutzt, sondern wegen der höheren Arbeitstemperatur. Infolge dessen kann auch bei höheren Temperaturen mit Feststoffen oder Flüssigkeiten gearbeitet werden, ohne dass eine Volumenänderung im Behälter stattfinet und damit zu einer Druckerhöhung im Behälter kommt, die ihn ggf. sprengen kann [vgl. 15, S. 147 f.].

4.1.1.3. Sensible Wärmespeicher

Speicher sensibler Wärme sind bereits schon lange Zeit im Gebrauch und folgen dem dargestellten Prinzip:

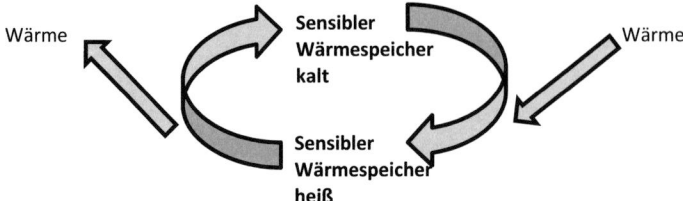

Abbildung 33: Vereinfachtes Prinzip der sensiblen Wärmespeicherung

Dabei reicht die Anwendungsbandbreite von Kurzzeitwärmespeichern für Niedertemperaturwärme mit Wasser als Speichermedium [vgl. 151, S.6] bis hin zu Langzeitwärmespeichern. Die Kurzzeitspeicher sind, wie bereits erwähnt, kleine, gut isolierte Tanks, bei denen die Wärme eingetragen wird und dann bei Bedarf abgeführt werden kann. Einige etablierte Langzeitspeicher wurden bereits erwähnt und werden in der folgenden Darstellung visualisiert:

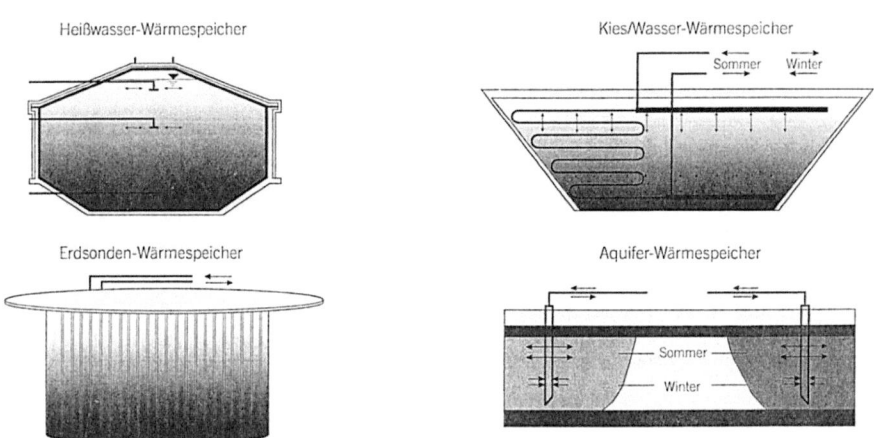

Abbildung 34: Einige etablierte Langzeitwärmespeicher [151, S. 6]

Der Sinn von Langzeitspeichern ist es, die Wärmeenergie über einen längeren Zeitraum zu speichern. Auch Schwimmbecken oder Trinkwasserspeicher erfüllen solche Funktionen [genau beschrieben in 108, S. 118- 124].

Bei einem Kies- Wasser- Speicher wird eine pyramidenstumpfförmige Grube ausgehoben. Diese wird mit einer wasserdichten Kunststofffolie ausgelegt order mit Beton ausgegossen. In die präparierte Grube wird dann das Kies- Wasser- Gemisch eingefüllt. „*Dabei wird bei einem Kies-Anteil von ca. 60 - 70% thermische Energie mit einer Temperatur von bis zu 90 °C gespeichert*" [128]. Der Wärmeaustausch realisiert sich direkt über das Wasser oder indirekt über entsprechende Rohleitungen [vgl. 102]

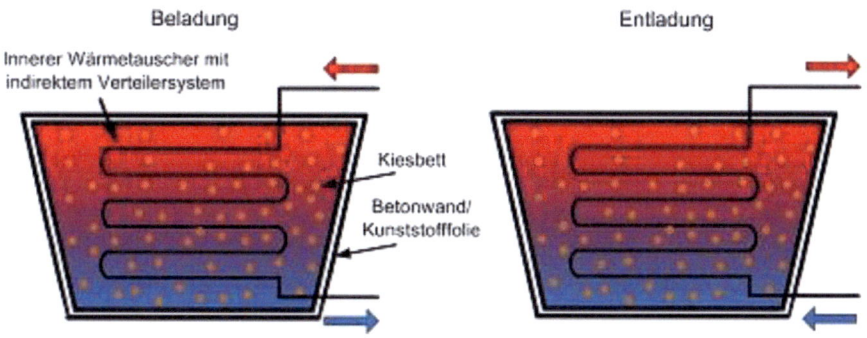

Abbildung 35: Wirkungsweise eines Kies-Wasser- Wärmespeichers [128]

Kies besitzt eine geringere Wärmekapazität als Wasser, dadurch muss das Volumen deutlich größer gewählt werden als bspw. bei reinen Heißwasserspeichern. Es kommt bei der Erwärmung zu einer stärkeren Temperaturerhöhung, wodurch erhöhte Wärmeverluste auftreten können. Bei der direkten Bauweise, bei der das Wasser getauscht wird, muss auf eine gute Schichtung geachtet werden. Kommt es zu einer Vermischung von kälterem und wärmerem Wasser, so ist die Effizienz nicht mehr so hoch. Meistens wird jedoch die indirekte Methode angewandt. Bei dieser fungieren in das Kiesbett eingebrachte Kunstoffrohre als Wärmetauscher (vgl. Kapitel 5.2.3.1.). Diese Wärmespeicher existieren in der Größenordnung 1 000 bis 8 000 m³. Im Vergleich zu herkömmlichen Heißwasserspeichern gestaltet sich der Bau bei Verzicht auf Betonkonstruktionen deutlich günstiger. Der Boden oberhalb des Speichers kann problemlos bebaut werden. Kies-Wasser-Speicher werden hauptsächlich zur Heizungsunterstützung für Gebäudekomplexe verwendet. Die Wärme wird über Solaranlagen oder auch über industrielle Abwärme erzeugt [vgl. 128]. Die Strahlung der Sonne, die mit $1{,}54 \cdot 10^{18}$ kWh jährlich das vielfache des weltweiten Stromverbrauchs liefert, ist kostenlos. Bei der Nutzung kann die Strahlungsenergie zum einen in elektrische Energie umgewandelt werden (Photovoltaik) und zum anderen in Wärmeenergie (Solarthermie) [vgl. 63, S. 5 f.]. Bei zuletzt genannter Technik können bei Häusern Solarthermik-Anlagen zur Warmwasserversorgung und zur

Raumheizung eingesetzt werden. Die Umwandlung erfolgt über Kollektoren, die zumeist auf dem Hausdach montiert sind. Eine hohe Fläche und damit hohe Temperaturen werden über eine großflächige Glasplatte erzielt. Die Strahlung kann durch das Glas gelangen. Über einen unter dem Glas befindlichen Absorber mit einer guten Wärmeleitfähigkeit wird die Wärme an die Trägerflüssigkeit (zumeist Wasser) weitergeleitet. Durch Abgabe der Energie und deren Umwandlung in Wärme weist die Strahlung eine andere Wellenlänge auf. Diese Strahlung kann nicht mehr wegen der geringen Transmission des Glases gelangen [vgl. ebd., S. 6]. Diesen Sachverhalt soll folgende Abbildung verdeutlichen:

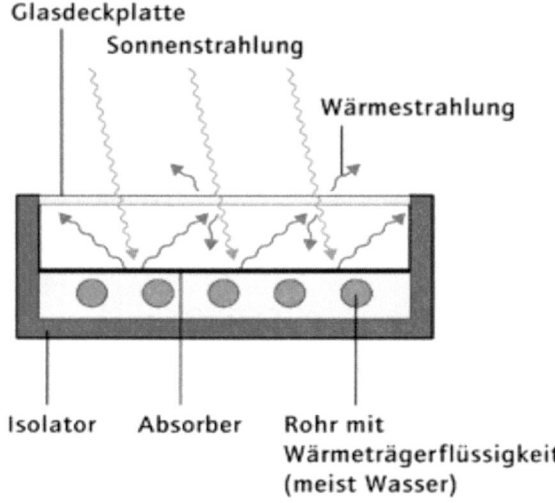

Abbildung 36: Schematischer Aufbau eines Sonnenkollektors [63, S. 6]

Insgesamt gibt es sehr viele Ausführungen von Solarthermieanlagen. So können die Rohre mit der Trägerflüssigkeit zu einem Warmwassserspeicher führen, wie sie bereits beschrieben wurden. An dieser Stelle ist auf die vielseitige Literatur zu verweisen, in denen die verschiedensten Möglichkeiten der Solarthermieanlagen eingegangen werden.

Da insbesondere bei sensiblen Wärmespeichern die Verluste über die Systemgrenzen sehr hoch sind, vor allem bei der Langzeitspeicherung von thermischer Energie, gestaltet es sich schwierig, effektive sensible Wärmespeicher zu entwikeln, die einen größeren Zeitraum also einige Stunden oder Tage überbrücken sollen. Die Speicherfähigkeit wird über das Volumen angegeben. Die Verluste finden an der Oberfläche statt. Bei großen Speichern ist also bei gleicher Dämmung der Langzeitverlust prozentual deutlich geringer als bei kleineren Speichern [vgl. 140].

Sensible Wärmespeicher sind zumeist die kostengünstigsten Wärmespeicher. Eine aussagekräftige und kurze Übersicht der angespochenen Speicher sensibler Wärme ist bei Dagmar Oertel [vgl. 101, S. 45 ff.] zu finden. Das Speichermedium Wasser bietet sich vor allem aus Kostengründen für die rege Verwendeung an. Nachteilig sind auftretende Wärmeverluste und die damit notwendige Dämmung des Speichers [vgl. 101, S. 46]. Des Weiteren werden im Vergleich zu anderen Wärmespeichermöglichkeiten keine so hohen Energidichten erzielt [vgl. 90]. Eine deutlich höhere Energiedichte erzielen zum Beispiel die Latentwärmespeicher, die im Folgenden erörtert werden sollen.

4.1.2. Latente Wärmespeicherung

Gegenstand der aktuellen Forschung ist unter anderem die Entwicklung alternativer Speichermöglichkeiten, wie zum Beispiel die Speicherung latenter Wärme [vgl. 151, S. 7]. Zum besseren Verständnis wird zunächst die latente Wärmespeicherung erläutert, bevor die Latentwärmespeicher erörtert werden.

4.1.2.1. Latente Wärme

Als latente Wärme bezeichnet man die Energiemenge, die für die vollständige Aggregatzustandsänderung bei konstanter Temperatur erforderlich ist. Sie wird auch als Umwandlungswärme bezeichnet. Sind die Phasen, zwischen denen umgewandelt wird, klar, benutzt man auch die dafür entsprechenden Begriffe. So heißt die latente Wärme, die beim Übergang von fest zu flüssig aufgebracht werden muss, Schmelzwärme. Ist T_u die Bezeichnung für die Umwandlungstemperatur und sind c_i die spezifischen Wärmekapazitäten der einzelnen Aggregatzustände zwischen denen die Phasenumwandlung erfolgt (mit i = 1,2), dann gilt:

$$Q_{Speicher} = m\,[\,c_1\,(T_u - T_1) + u + c_2\,(T_2 - T_u)].$$

Der Summand u drückt aus, dass der Latentwärmespeicher auch sensible Wärme zusätzlich zur latenten Wärme beim Phasenübergang aufnimmt. Dies erfolgt genau zwischen T_u und T_1 und zwischen T_u und T_2. In der Regel kommt es aber auf den Latentwärmeanteil an. Daher sollte die Temperaturdifferenz ($T_2 - T_1$, mit $T_1 < T_u < T_2$) ausreichend klein gewählt werden [vgl. 15, S. 148]. Beim Durchlaufen des Phasenübergangs fest-flüssig wird am Schmelzpunkt die größte Wärmemenge aufgenommen. Erstarrt der Stoff bei anschließender Temperaturerniedrigung, gibt er die Schmelzwärme wieder ab. Es zeichnet sich ab, dass auch die Umkehrung genutzt werden kann. Eine Flüssigkeit erstarrt bei

Temperaturerniedrigung. Dabei wird die für den Schmelzvorgang benötigte Energiemenge wieder abgegeben. Bei einer Erwärmung schmilzt der Feststoff erneut und nimmt eben diese Energie wieder auf [vgl. 100, S. 1].
Es existieren im Bereich von 30- 45°C Latentwärmespeicher auf der Basis von Paraffinen. Diese benötigen lediglich ein Viertel der Wärmeträgermasse bzw. ein Drittel des Volumens im Vergleich zu gewöhnlchen Wasserspeichern [vgl. 15, S. 148]. Die Paraffine sind aber nicht die einzigen Stoffe, die als Basis für Latentwärmespeicher dienen. Stoffe, die die Fähigkeit besitzen, beim Phasenübergang Wärme aufzunehmen, zu speichern und auch wieder abzugeben, wenn sich die Temperatur wieder erniedrigt, bezeichnet man als phase change material (im Folgenden kurz: PCM). Man findet in deutscher Fachliteratur auch den Begriff Phasenwechselmaterialen vor [vgl. 100, S. 2].

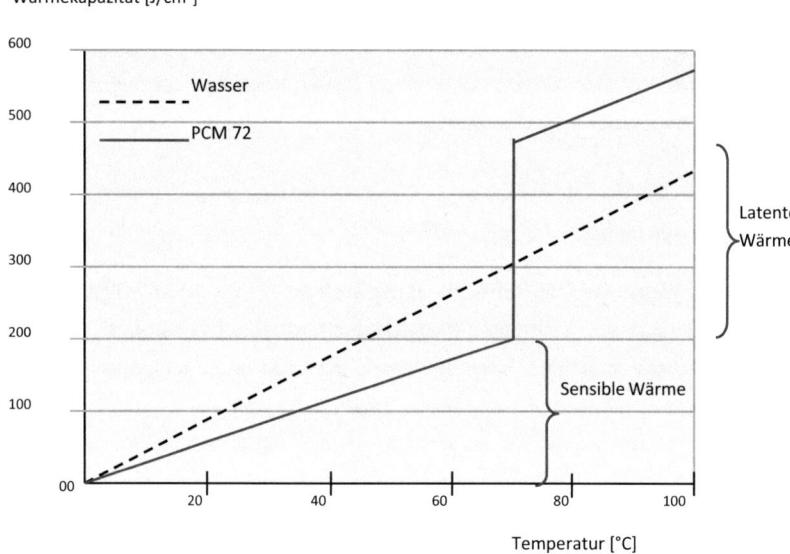

Abbildung 37: Vergleichende Darstellung von latenter und sensibler Wärme [100, S. 2]

Im Vergleich zu dem „sensiblen" Speichermedium Wasser kann ein PCM bei nur geringer Temperaturänderung in einem bestimmten, höheren Temperaturbereich wesentlich größere Wärmemengen aufnehmen [vgl. 100, S. 2]. Insgesamt ergibt sich also das dargestellte Wirkungsprinzip:

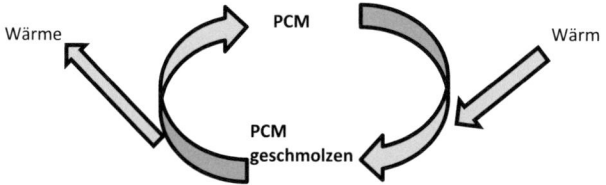

Abbildung 38: Vereinfachtes Prinzip der latenten Wärmespeicherung

Mit der Gibbs- Helmholtz- Gleichung lässt sich dieser Sachverhalt wie folgt erfassen.

$$\Delta G = \Delta H - T \Delta S,$$

mit der Änderung der freien Reaktionsenthalpie ΔG als Maß für die Triebkraft eines Prozesses, der Änderung der Reaktionsenthalpie ΔH, der absoluten Temperatur T und der Änderung der Entropie ΔS. Es gilt $\Delta S = \frac{\Delta Q}{T}$, $\Delta U = T\Delta S - p\,\Delta V$ und mit p= const. auch

$$\Delta H = \Delta Q = \Delta U + p\,\Delta V.$$

Daraus resultiert dann

$$\Delta H = \Delta U + p\,\Delta V = T\Delta S - p\,\Delta V + p\,\Delta V = T\,\Delta S.$$

Da schmelzende/erstarrende bzw. verdampfende/kondensierende Systeme im Gleichgewicht sind, gilt also $\Delta G = 0$ und damit

$$\Delta H = T\,\Delta S.$$

Die Temperatur bleibt konstant und kann daher als Proportionalitätsfaktor zwischen der Enthalpie und der Entropie verstanden werden. Das heißt, dass die aufgenommene oder abgegebene Wärme dem „T-fachen" der Entropieänderung des Systems entspricht [vgl. 130, S. 4].

4.1.2.2. Anforderungen an PCMs

Die PCMs müssen eine Reihe von Anforderungen erfüllen, damit sie für den Einsatz in Frage kommen. Wie bereits beschrieben wird neben der latenten Wärme sensible Wärme gespeichert. Daher ist die spezifische Wärmekapazität des festen und flüssigen Zustandes ebenfalls von Bedeutung, damit nicht nur möglichst viel latente Wärme gespeichert wird, sondern auch die sensible Wärme möglichst groß ist [vgl. 100, S. 2].

Von Bedeutung ist auch das Schmelz- und Erstarrungsverhalten. Es soll einen klar definierten Schmelzpunkt aufweisen und zu einer homogenen Schmelze führen. Dann spricht man auch von kongruentem Schmelzverhalten. Beim Abkühlen wird damit auch das homogene Edukt wiedergewonnen. Beim komplementären Fall kommt es zu einer inkongruenten Schmelze. Der Stoff kann sich ggf. zersetzen [vgl. 100, S. 2 f.].

Eine Unterkühlung soll vermieden werden, das heißt bei der Kristallisation müssen Kristallisationskeime gegeben sein, damit der Stoff auskristallisiert. Dies geschieht bei Temperaturen unter dem Schmelzpunkt. Bei inkongruenten Schmelzen ist die Umwandlung zum ursprünglichen PCM gehemmt und teilweise sogar völlig behindert. Die Rückbildung nimmt dann meist einen zu langen Zeitraum in Anspruch, die Wärme wird also nicht auf Abruf freigegeben [vgl. 100, S. 3].

Eine hohe Wärmeleitfähigkeit der Speicherstoffe stellt die möglichst schnelle Be- und Entladung des PCMs sicher. Im Vergleich zu Metallen ist die Wärmeleitfähigkeit jedoch eher gering [vgl. ebd.]. Weichen die Dichten des kristallinen Stoffes und der Schmelze zu stark voneinander ab, ist eine ggf. nicht vernachlässigbare Volumenänderung gegeben, bei der der Behälter beschädigt werden kann. Insgesamt sollten die Dichteunterschiede beim Phasenübergang so niedrig wie möglich sein [vgl. ebd.]. Die PCMs müssen unter ggf. erhöhten Temperaturen beständig bleiben. Sie dürfen sich nicht bei kleinen Abweichungen zum Arbeitstemperaturbereich zersetzen [vgl. ebd.].

Neben diesen physikalischen Anforderungen sind auch technische, ökonomische und ökologische Anforderungen von Bedeutung. Die PCMs sollten nicht mit den Behälterstoffen reagieren. Damit kann aufgrund von Korrosion auslaufendes PCM vermieden werden. Die Wahl der PCMs sollte auf neutrale, nicht korrosive Stoffe fallen [vgl. 100, S. 3]. Zudem muss eine gewisse Zyklenstabilität vorliegen, das heißt auch bei vielmaligem Ablauf der jeweiligen Phasenübergänge muss gewährleistet sein, dass sich das PCM nicht in seinen Eigenschaften verändert. Idealerweise sollte die Speicherfähigkeit mit zunehmender Zyklenzahl konstant bleiben [vgl. ebd.].

Die Speichersysteme auf Basis von PCMs sind häufig selbst geschlossene Systeme. Eine Beschädigung dieser ist nicht gänzlich auszuschließen. Das PCM würde dann in die Umwelt gelangen. *„Folglich muss der verwendete Stoff nach neuesten Gefahrenverordnungen als unbedenklich und ungiftig deklariert sein. Gleiches gilt in Bezug auf Entsorgungsmaßnahmen bzw. Recyclingfähigkeit"* [100, S. 4]. Für gewisse Temperaturbereiche liegen zur Zeit allerdings noch keine ungiftigen PCMs vor [vgl. ebd.].

Die für diese Speicherung benötigten Materialien sind oft teurer als jene, die für die sensible Wärmespeicherung verwendet werden. Daher sind Latentwärmespeicher noch nicht vollständig etabliert [vgl. 69, S. 39].

4.1.2.3. Speicher für latente Wärme

Die engen Temperaturbereiche schränken die Anwendungsgebiete einzelner PCMs ein [vgl. 15, S. 148]. Doch in den letzten beiden Jahrzehnten wurden viele PCMs gefunden, auf deren Grundlage Latentwärmespeicher aufgebaut werden. So gelang es, einen sehr großen Temperaturbereich abzudecken und für bestimmte Anwendungen auch bestimmte PCM- Latentwärmespeicher zur Verfügung zu stellen [vgl. 10].

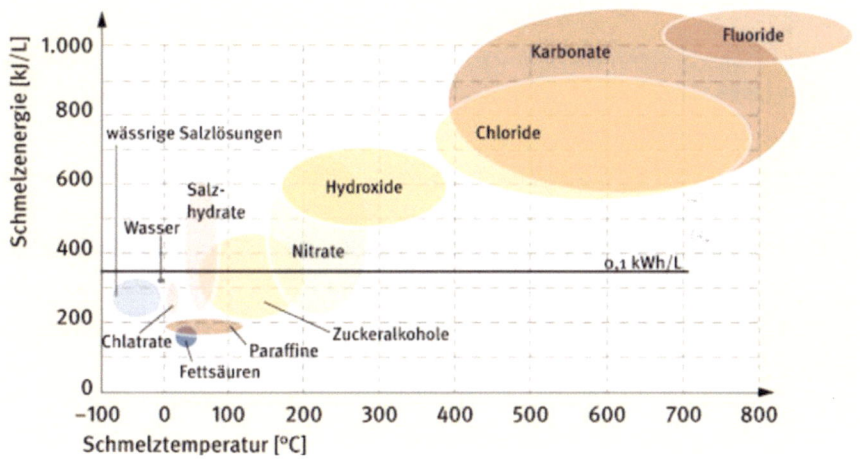

Abbildung 39: Eine Übersicht über einigen Stoffgruppen, die als PCM eingesetzt werden können [141, S. 4]

An der Abbildung ist zu erkennen, dass wässrige Salzlösungen und Wasser sich zur Niedertemperaturspeicherung eignen. Chlatrate, oder auch Einschlussverbindungen genannt, bei denen ein Stoff in das Gitter von einem anderen Stoff eingelagert ist, können ebenfalls zur Speicherung von Niedertemperaturwärme verwendet werden. Zuckeralkohole, Nitrate, Hydroxide, Chloride, Carbonate und Fluoride können für die Mittel- und Hochtemperaturspeicherung herangezogen werden. Die für dieses Buch bedeutsamen und im Bauwesen häufig verwendeten PCMs sind Salzhydrate, Fettsäuren und Paraffine [vgl. 89, S. 182 ff.]. Die Latentwärmespeicher auf der Basis dieser Stoffe sollen in den folgenden Unterkapiteln im Fokus stehen.

4.1.2.3.1. Organische PCMs

Paraffine sind ein Gemisch aus Alkanen. Sie werden aus Rückstanden bei der Erdölraffination, aber auch aus Kohle gewonnen. Aus dem Fischer-Tropsch-Verfahren erzeugte synthetische Paraffine bestehen hauptsächlich aus unverzweigten n- Alkanen und gewinnen in der Industrie zunehmend an Bedeutung. Der Vorteil von Paraffinen besteht darin, dass sie gegenüber Salzhydraten eine höhere spezifische Wärmekapazität aufweisen. Reine Paraffine besitzen zudem einen engen Schmelzbereich, dar sich ebenso vorteilig auswirkt. Die Erstarrung setzt kaum später ein, als es die Schmelz- bzw. Erstarrungstemperatur vorgibt. Damit neigen sie auch kaum zur Unterkühlung. Paraffine sind über viele Zyklen hinweg stabil, da sie eine geringe Reaktivität und einen niedrigen Dampfdruck aufweisen. Sie sind nicht umweltgefährend oder toxisch. Demgegenüber stehen allerdings auch sich negativ auswirkende Aspekte: Sie können, bezogen auf das Volumen, weniger Energie speichern. Die Energiespeicherdichte ist daher relativ gering. Sie besitzen auch eine geringe Wärmeleitfähigkeit. Die Volumenänderung beim Phasenübergang von fest nach flüssig kann mit 10- 30 % nicht vernachlässigt werden. Zudem sind Paraffine brennbar, weshalb auf geeignete Behälter zurückgegriffen werden muss [vgl. 155, S. 24 f.]. Im Gegensatz zu Salzhydraten sind sie auch vergleichweise kostenintensiv [vgl. 10].

Paraffine schmelzen bei etwa -20 bis 110 °C. Die Schmelzwärme liegt bei etwa 200 – 260 kJ kg^{-1}. Mischungen von Paraffinen erreichen Schmelzwärmen von 150 – 190 kJ kg^{-1}. Damit ist die Schmelzwärme um ein Drittel niedriger als die des Wassers, die Wärmekapazität ist etwa halb so groß. Da sie nur sehr niedrige Schmelzenthalpien von 200 kJ/kg bei Dichten zwischen 0,7 bis 0,9 kg/L aufweisen, liegt die volumenspezifische Schmelzenthalpie unter 200 kJ/l. Die folgende Rechnung zeigt, dass Paraffine bei Raumtemperatur trotz dieser genannten Werte ungefähr 1,5- mal soviel Wärmeenergie speichern können als das bekannteste PCM Wasser.

Geg: $m_{Wasser} = 1\ kg = m$

$m_{Paraffin} = 1\ kg = m$

$c_{p,Wasser(l)} = 4{,}19\ \frac{kJ}{kg\ K}$

$c_{p,Paraffin(s)} = 2\ \frac{kJ}{kg\ K}$

$\Delta_{Schmelz}H_S = 170\ \frac{kJ}{kg}$

es wird die Temperaturspanne 15°C bis 40 °C betrachtet → $\Delta T = 25\ K$ *die Schmelztemperatur des „Beispiel-Paraffins" betrage 40°C*

Rechnung:

$$Q_{Wasserspeicher} = c_{p,Wasser(l)} \, \Delta T \, m$$
$$= \underline{104{,}75 \; kJ}$$
$$Q_{Paraffinspeicher} = c_{p,Paraffin(s)} \, \Delta T \, m + \Delta_{Schmelz}H_S * m$$
$$= \underline{50 \; kJ + 170 \; kJ = 220 \; kJ}$$

Andere organische PCMs sind zum Beispiel Fettsäuren und Alkohole. Die Fettsäuren sind hinsichtlich ihrer Eigenschaften mit den Paraffinen vergleichbar, allerdings sind sie noch nicht ausreichend erforscht [vgl. 155, S. 26]. Alkohole sind zum Beispiel das leicht entflammbare und stark riechende Dodekanol, das sich somit als ungeeignet erweist, und das Polyetherpolyol. Letzteres zeigt ähnliche Eigenschaften wie die Paraffine, allerdings ist dieser Stoff nur unter Luftabschluss physikalisch und chemisch beständig [vgl. ebd.]. Eine andere Alternative bieten die Zuckeralkohole. Ihre Schmelzpunkte liegen bei Temperaturen, die höher als der Siedepunkt des Wassers sind. Sie erreichen auch höhere Energiedichten. Diese PCMs können also in technischen Bereichen eingesetzt werden [vgl. 100, S. 4 f.].

4.1.2.3.2. Salzhydrate

Um einen Temperaturbereich von 0 °C bis 130 °C abzudecken, kann man auf Salzhydrate zurückgreifen. Diese werden u. a. aufgrund ihrer geringen Kosten eingesetzt. Die Schmelzenthalpien weichen nur geringfügig von denen der Paraffine ab. Die Salzhydrate besitzen allerings größere Dichten (1,4 bis 1,6 kg l^{-1}, während Paraffine Werte von 0,7 bis 0,9 kg/l erreichen), wodurch sie eine größere Energiedichte aufweisen. Dies soll die nachstehende Graphik zeigeen, in der die Energiedichten verschiedener PCMs den Schmelztemperaturen dieser gegenübergestellt sind [vgl. 100, S. 5]:

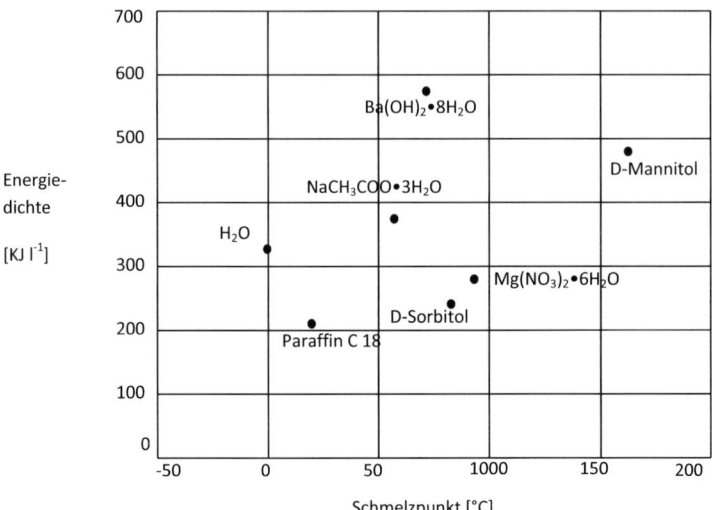

Abbildung 40: Vergleich von Energiedichten und Schmelzpunkten von ausgewählten Salzhydraten, Paraffinen, Wasser und Zuckeralkoholen [100, S. 6]

Im Bauwesen wird oftmals Calciumchlorid- Hexahydrat und Glaubersalz bzw. Natrumsulfat- Decahydrat als PCMs verwendet. Salzhydrate weisen eine hohe Speicherdichte und eine relativ hohe spezische Wärmekapazität auf. In der Regel besitzen sie hohe Schmelzwärmen. Bei reinen Salzhydraten gibt es einen genau definierten Schmelzbereich. Die hohe Wärmeleitfähigkeit im Vergleich zu anderen PCMs wirkt sich vorteilhaft auf die Nutzung aus. Die Salzhydrate sind nicht brennbar und führen zu niedrigeren Materialkosten. Viele neigen zur Unterkühlung. Eine Lösung wäre in der Dissertation von Carsten Rudolf [126] nachzulesen, bei der es um eine Entwicklung einer Methode zur Suche nach Kristallisationsinitiatoren von Salzhydratschmelzen geht. Einige Salzhydrate, die nicht als Basis für Latentwärmespeicher fungieren können, ändern ihre thermischen Eigenschaften durch irreversible Aufspaltung in der flüssigen Phase. Damit ist das Behältermaterial deutlich teurer, um der Korrosivität entgegenzuwirken. Die Langzeitstabilität ist durch den hohen Dampfdruck eingeschränkt [vgl. 155, S. 23].

Zu Beginn des Kapitels 4.1. wurde gezeigt, dass die Salzhydrate für zwei unterschiedliche Speicherungsmöglichkeiten verwendet werden können. Salzhydrate, wie zum Beispiel Natriumacetat- Trihydrat und Calciumchlorid- Hexahydrat, schmelzen im eigenen Kristallwasser unter Bildung von einer wässrigen Lösung des Salzes. Die beim Schmelzen aufgenommene Wärmeenergie wird beim Erstarrungsvorgang wieder frei [vgl. 131, S. 17 f.]. Anderenfalls kann das Kristallwasser auch unter Wärmezugabe ausgetrieben werden.

Die Reaktion mit Wasser bzw. die Einlagerung des Kristallwassers gibt dann wieder Wärme frei. Solche Salzhydrate, zum Beispiel Kupfersulfat- Pentahydrat und Cobaltchlorid- Hexahydrat, werden in der thermochemischen Speicherung verwendet [vgl. 131, S. 15 f.]. Auf dieser Möglichkeit wird in Kapitel 4.1.3. genauer eingegangen.
Nun liegt der Fokus auf den Salzhydraten, die im eigenen Kristallwasser schmelzen und für die latente Wärmespeicherung verwendet werden können. Salzhydrate entstehen beim Auskristallisieren aus einer wässrigen Salzlösung. Der Wassergehalt beträgt 1 bis 12 Mol Wasser pro Mol Salz. Bei Verwendung von kongruent schmelzenden Salzhydraten entstehen kaum nennenswerte Besonderheiten. Ein Beispiel dafür ist $Zn(NO_3)_2 \cdot 9H_2O$. Das Prinzip entspricht dem oben beschriebenen. Neben den kongruent schmelzenden Systemen gibt es eine Reihe von Salzhydraten, die ein inkongruentes Schmelzverhalten aufweisen. Solche Verbindungen zerfallen beim Schmelzen in eine Flüssigkeit und in eine feste, wasserärmere oder wasserfreie Phase. Ein Beispiel dafür ist das Glaubersalz, welches unter Bildung des wasserfreien Salzes Thenardit bei 32 °C in seinem Kristallwasser schmilzt. Das Thenardit sedimentiert am Boden. Die Erstarrung ist dadurch stark gehindert. Dies findet derzeit in der Forschung Beachtung [vgl. 126, S. 4].

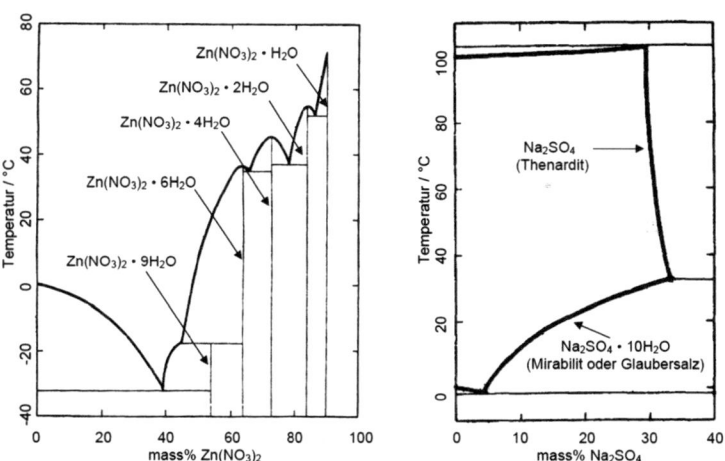

Abbildung 41: Je ein Beispiel für ein kongruent schmelzendes Salzhydrat (links) und ein inkongruent schmelzendes Salzhydrat (rechts) [126, S. 5]

Abhängig vom Wassergehalt des kristallinen Salzhydrates bzw. seiner Schmelze weisen die flüssigen Phasen Eigenschaften von „lösungsähnlich" bis „salzschmelzenähnlich" auf. So lässt sich die flüssige Phase beim Schmelzen von Glaubersalz am besten als wässrige

Lösung mit vorwiegend Wasser-Wasser-Wechselwirkungen charakterisieren. Hydratschmelzen, wie $MgCl_2 \cdot 6H_2O$, $CaCl_2 \cdot 6H_2O$ oder $CaCl_2 \cdot 4H_2O$, haben Eigenschaften, die ähnlich dem von geschmolzenen Salzen sind. Die Orientierung der Wassermoleküle erfolgt bei den meisten Hydraten durch die Koordination des Sauerstoffs am Kation. Gleichzeitig bilden sich Wasserstoffbrücken in Richtung der Anionen oder zu anderen Wassermolekülen aus. Es lassen sich Tendenzen für den Aufbau der Koordinationspolyeder und das Verhältnis der dem jeweiligen Hydrat zur Verfügung stehenden Molzahl des Wassers Z zur Koordinationszahl n der Kationen in folgender Graphik darstellen [vgl. 126, S. 5 f.]:

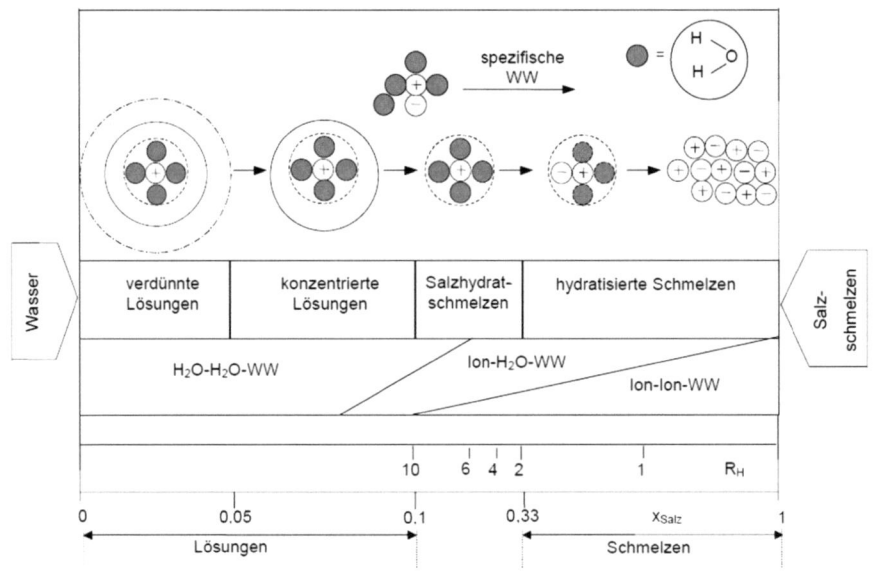

Abbildung 42: Veranschaulichung der strukturellen Situation (Koordinations- und Wechselwirkungstypen) in Abhängigkeit von der Salzkonzentration mit dem molaren Wasser-Salz-Verhältnis R_H [126, S. 6]

Daran ist ersichtlich, dass in Hydratschmelzen Ion- Wasser- Wechselwirkungen den Hauptteil der Bindungen ausmachen. Wasser- Wasser- Wechselwirkungen nehmen ab, während die Kation- Anion- Wechselwirkungen mit sinkendem molaren Wasser- Salz- Verhältnis bzw. mit steigendem Molenbruch des Salzes zunehmen. Die charakteristischen Eigenschaften resultieren also aus der Ion-Wasser-Wechselwirkung bei gleichzeitig dichter Packung der Ionen. Im Idealfall sind alle Kationen durch die primäre Hydrathülle von den Anionen abgeschirmt. Die Hydratationszahl Z, die Koordinationszahl der Kationen n und das molare Wasser-Salz-Verhältnis R_H sind dann gleich groß. Hieraus ergibt sich der von Braunstein empirisch abgegrenzte Konzentrationsbereich für die Salzhydratschmelzen als eigenständige Flüssigkeitsklasse [vgl. 126, S. 7].

4.1.2.3.3. PCMs in der Anwendung

PCMs finden Anwendung in der Automobilindustrie zur Speicherung der Motorenabwärme, beim Catering, der Elektronik und den Textilien. Zudem werden sie in Baumaterialen verwendet, wie folgende Abbildungen zeigen:

Abbildung 43: Aufbringen eines PCM-haltigen Gipsputzes [99, S. 4]

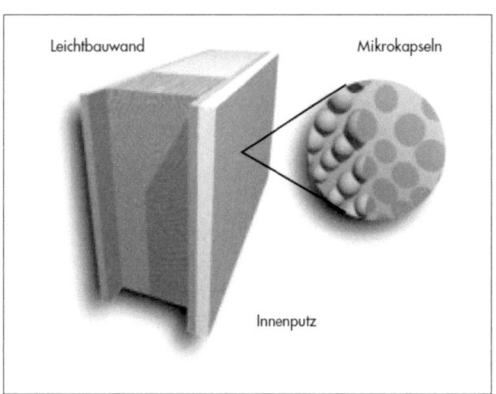

Abbildung 44: Mikroverkapselte PCM im Innenputz [99, S. 9]

Gebäude mit sehr starken Wänden regulieren die Temperatur im Raum sowohl im Winter als auch im Sommer. Durch die etablierte Leichtbauweise ist es aber nötig, eben diese Regulation über andere Systeme zu realisieren. So kann auf Latentwärmespeicher zurückgegriffen werden. Mit integrierten Latentwärmespeichern kann eine Wand im Leichtbau gleiche Resultate erzielen wie starke Wände im Altbau. Durch die Sonneneinstrahlung werden die PCMs geladen. Bei fallenden Temperaturen wird die Wärme wieder abgegeben. Dies kann auch dem Zwecke der passiven Gebäudeklimatisierung dienen [vgl. 63, S. 12 f.]. Auch in Fußbodenheizungen finden sie Verwendung. Einige Fußbodenheizungen nutzen in der Nacht günstigen Strom und die Latentwärmespeicher geben die in der Nacht aufgenommene Wärme dann am Tage wieder ab. Desweiteren werden sie auch bei anderen Heizsystemen und Warmwasserbereitungsanlagen angewendet. Die überschüssige Wärmeenergie wird gespeichert und kann bei Bedarf dem Heizwasser bzw. den Wasserleitungen wieder zugeführt werden [vgl. 100, S. 10 ff.].

Paraffine und Salzhydrate kann man allerdings nicht einfach auf die Substanzen auftragen. Sie brauchen aufgrund des Phasenwachsels bestimmte Behälter. Dafür werden konventionelle Behälter verwendet - so genannte Makroverkapselungen - , offenporige Matrizen und Mikroverkapselungen. Dafür seien kurz einige Beispiel angeführt.

Eine Variante der Makroverkapselung ist durch die nachstehende Gaphik veranschaulicht:

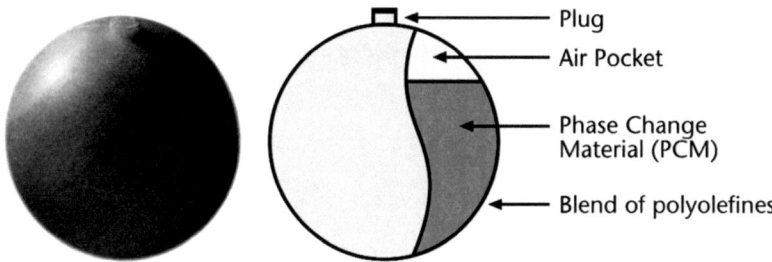

Abbildung 45: Beispiel für eine Makroverkapselung (Firma: Cristopia / Frankreich) [75, S. 59]

Es können aber auch Netzwerke von Substanzen, in denen sich Poren befinden eingesetzt werden. In diese Poren kann man PCMs einlassen. Durch das Neztwerk wird die Fließfähigkeit unterdrückt bzw. das Paraffin gebunden. Solch ein offenporiges Matrixmaterial, wie zum Beispiel Granulate oder Faserplatten, wird heute in verschiedenen Anwendungsbereichen, wie bei Fußbodenheizung, genutzt [vgl. 75, S. 61 f.].

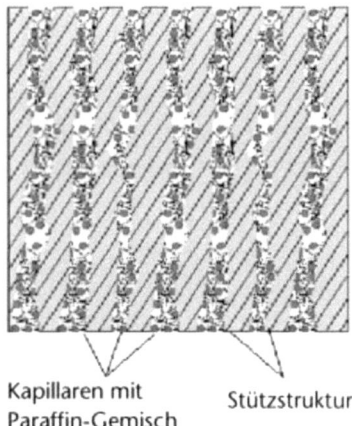

Abbildung 46: Beispiel für die Nutzung einer offenporigen Matrix, in der Paraffin eingelagert ist [75, S. 62]

Doch diese Behälter sind nicht platzsparend und dadurch nicht überall einsetzbar. Es werden deutlich kleinere Behälter gesucht. Dabei haben sich die Mikroverkapselungen als geeignet herausgestellt. Diese umfassen einen physikalischen oder chemischen Prozess, bei dem kleine, flüssige oder feste Teilchen von 1 bis 100 mm Durchmesser mit einer festen Hülle umgeben werden [vgl. 100, S. 8].

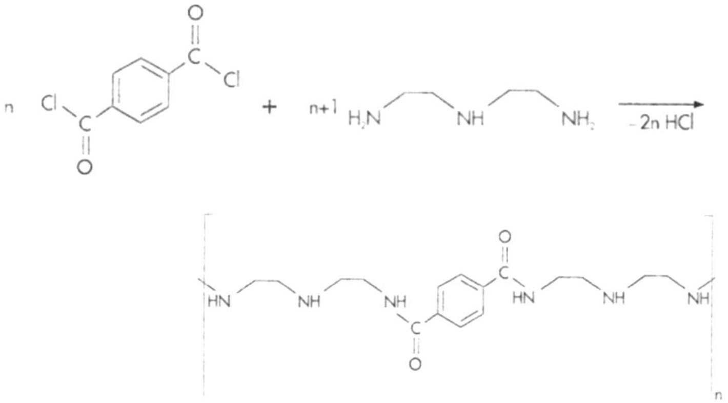

Abbildung 47: Bildung einer Polyamidschicht bei einer Mikroverkapselung [146, S. 67]

Durch die geringe Größe können die Kapseln bereits bei der Herstellung des Baustoffes beigemischt werden. Insgesamt ändert sich die Handhabung solcher Bauteile nicht. Sollten einzelne Kapseln Schaden nehmen, so ist die austretende Menge verschwindend gering.

Die Mikroverkapselung von Salzhydraten sowie erste Ansätze zur Mesoverkapselung sind Gegenstand intensiver Forschung [vgl. 10].
Ebenfalls beim Bau von sensiblen Wärmespeichern finden PCMs Anwendung. So können zum Beispiel in einem Warmwasserspeicher mikroverkapselte PCMs eingebracht werden. Dabei muss man auf den Temperaturbereich achten [vgl. 63, S. 8 f.].

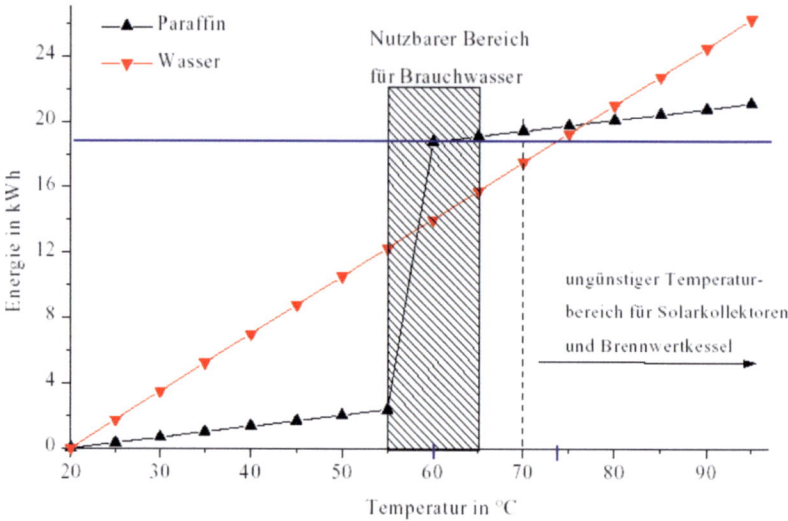

Abbildung 48: Nutzung von PCM oder sensiblen Wärmespeichern für die Erwärmung von Trinkwasser [63, S. 9]

Beim Brauchwasser sollte die Temperatur des Speicherstoffes um die 60°C liegen, dann dabei ist die Erwärmung auf die benötigte Brauchwassertemperatur für Heizung und Warmwasser mit dem geringsten Energieverlust möglich. Das PCM sollte eine Schmelztemperatur von 60°C aufweisen, denn dann wird der Großteil der Wärmeenergie, über die Schmelzenthalpie frei. Um das gleiche Ergebnis wie das PCM bei 60°C zu erzielen, muss das Wasser auf 73°C geheizt werden, wie es in der obigen Abbildung zu erkennen ist. Damit ist der Temperaturgradient bei diesem PCM um 13 K geringer und damit ist der Energieverlust durch die Wärmeleitung deutlich geringer als beim auschließlichem Gebrauch von Wasser als sensiblen Wärmespeicher [vgl. 63, S. 9 f.].

4.1.3. Thermochemische Speicherung

Bei der chemischen Wärmespeicherung werden vor allem die Reaktionsenthalpien von chemischen Reaktionen ausgenutzt. Für die Niedertemperaturspeicherung eignen sich vor allem Sorptionsprozesse. Diese wurden bereist in Kapitel 3.1.2. erläutert. So kann bspw. die Anlagerung bzw. Adsorption von Wasser an einem Feststoff als Wärmespeicher fungieren. Dabei wird beim Beladen des Soprtionsspeichers unter Wärmezufuhr das Wasser aus dem Feststoff ausgetrieben. Die Umkehrung erfolgt über Anlagerung von Wasserdampf auf dem Feststoff, dabei kommt es zur Energiefreisetzung [vgl. 155, S. 18]. Im Folgenden soll ein Überblick über die angesprochenen Speichermöglichkeiten gegeben werden.

Speicherart	Energiedichte	Speichermedium	Temperaturbereich
Sensibel	ca. 60 kWh/m³	Wasser	< 100 °C
Latent	bis zu 120 kWh/m³	Salzhydrate	30 °C – 80 °C
		Paraffine	10 °C – 60 °C
Thermochemisch	bis zu 200 – 500 kWh/m³	Metallhydride	ca. 280 °C – 500 °C
		Silicagele	40 °C – 100 °C
		Zeolithe	100 °C – 300 °C

Tabelle 3: Übersicht über die Speicherarten und die zugehörigen Faktoren [vgl. 155, S. 18]

In diesem Buch werden die Soprtionsprozesse und die Speicherung mittels Metalhydriden erläutert. Mit Sorptionsprozessen lassen sich sehr hohe Energiedichten erzielen. Eine Anwendung solcher wurde bereits im Kapitel 3.1.2.3. beschrieben, nämlich die Adsorptionswärmepumpe. Als Sorptionsmaterialien werden in der Praxis Zeolithe, Silikagele und Aktivkohle eingesetzt [vgl. 102].

4.1.3.1. Silicagel

Silicagel, auch Kieselgel genannt, ist eine poröse Form des Siliciumdioxids und wird aus Quarzsand gewonnen. Die innere Oberfläche kann Werte bis zu 800 m² g^{-1} annehmen. Die hochporöse Oberfläche hat eine stark anziehende Wirkung auf Wasser, aber auch andere Stoffe. Silicagele sind also hydroskopisch. Daher wird es neben den hier beschriebenen Adsorptionsprozessen auch für die Trocknung und Filtration verwendet [vgl. 150, S. 120]. Die Struktur ist in der nachstehenden Graphik aufgezeigt:

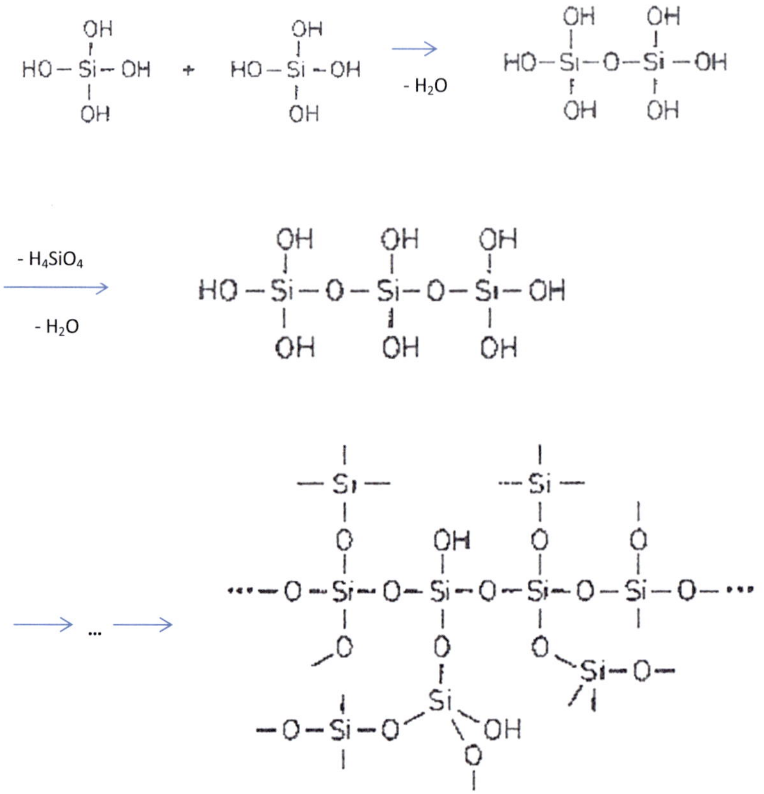

$$HO-\underset{\underset{OH}{|}}{\overset{\overset{OH}{|}}{Si}}-OH + HO-\underset{\underset{OH}{|}}{\overset{\overset{OH}{|}}{Si}}-OH \xrightarrow{-H_2O} HO-\underset{\underset{OH}{|}}{\overset{\overset{OH}{|}}{Si}}-O-\underset{\underset{OH}{|}}{\overset{\overset{OH}{|}}{Si}}-OH$$

$$\xrightarrow[-H_2O]{-H_4SiO_4} HO-\underset{\underset{OH}{|}}{\overset{\overset{OH}{|}}{Si}}-O-\underset{\underset{OH}{|}}{\overset{\overset{OH}{|}}{Si}}-O-\underset{\underset{OH}{|}}{\overset{\overset{OH}{|}}{Si}}-OH$$

$$\xrightarrow{} ... \xrightarrow{}$$

Abbildung 49: Reaktion von Siliciumdioxidmolekülen über Zwischenstufen, wie Kieselsäure, zu Silicagel

An der Oberfläche des Silicagels befinden sich Silanol- und Silandiolgruppen (- Si – OH und – Si – (OH)$_2$). Diese Gruppen können untereinander Wasserstoffbrückenbindungen oder Bindungen zu anderen polaren Stoffen, wie Wasser, ausbauen.

Das handelsübliche Silicagel orange ist im trockenem Zustand orange und verliert mit zunehmender Luftfeuchtigkeit oder zugefügten Wassers an Farbintensität [vgl. 88]:

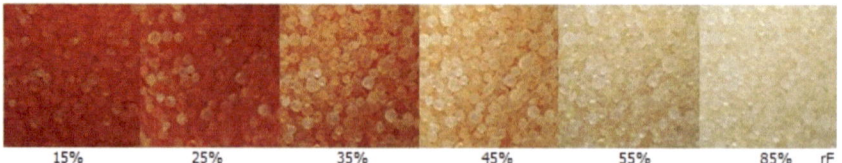

Abbildung 50: Relative Luftfeuchte und daraus resultierende Färbung des Silicagel orange [88]

Bei Silicagel orange- blau kann analog folgende Farbveränderung wahrgenommen werden.

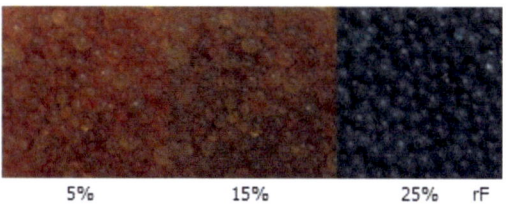

Abbildung 51: Relative Luftfeuchte und daraus resultierende Färbung des Silicagel orange- blau [88]

Das gesundheitsschädliche, kobalthaltige Silicagel blau- rosa wird hier nicht weiter angeführt. Es existieren zwei verschiedene Typen von Silicagelen: einerseits das weitverbreitete engporige Silicagel, wie es oben bereits mit Indikatoren abgebildet wurde, andererseits das weiße, weitporige Silicagel. Dieses hat größere Poren und kann insgesamt mehr Wasser aufnehmen als das engporige Analogon. Ein wesentlicher Unterschied besteht allerdings zum engporigen Silicagel: Das weitporige Silicagel kann nur bei hoher Luftfeuchtigkeit bzw. bei Zugabe einer großen Wasserenge viel Wasser aufnehmen. Ist die Luftfeuchtigkeit nicht so hoch, trocknet es die Luft nicht derart stark. Zum Vergleich der Wasseraufnahme ist dazu folgende Graphik angeführt [vgl. 88]:

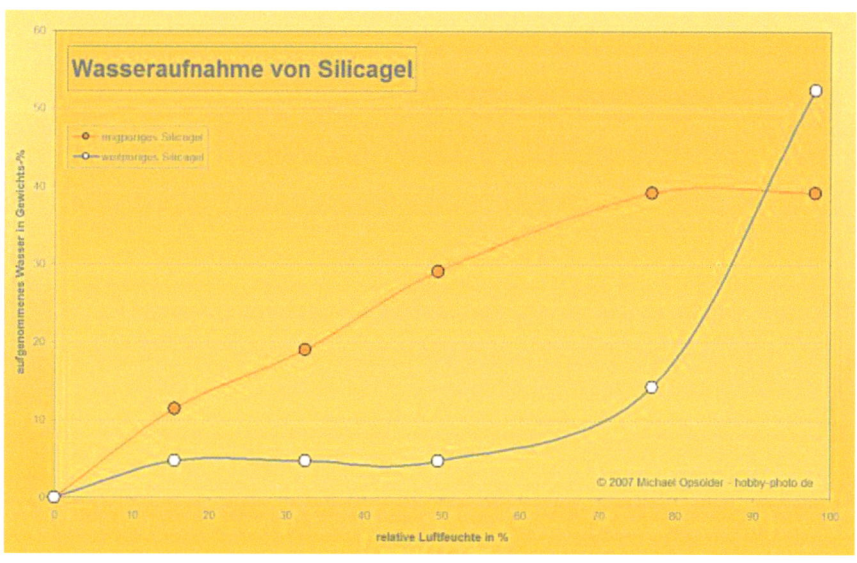

Abbildung 52: Veranschaulichung der Abhängigkeit der Beladung von der Luftfeuchte [88]

4.1.3.2. Zeolith

Neben Silicagelen können auch Zeolithe verwendet werden. Zeolith ist die Bezeichnung für eine Stoffgruppe aus mineralischen und synthetischen Kristallen mit der Eigenschaft, Wasser oder andere Stoffe im Kristallgitter anzulagern. Beim Erhitzen geben sie diese wieder frei. Da die Kristallstruktur dabei unverändert bleibt, kann dieser Vorgang beliebig oft wiederholt werden. Zeolithe können teilweise eine innere Oberfläche von über 1 000 $m^2\ g^{-1}$ erreichen. Sie können bis zu 25 % des eigenen Gewichts an Wasser aufnehmen. Neben diesem Verwendungszweck können sie auch als Katalysatoren, Ionentauscher oder Molekularsiebe eingesetzt werden [vgl. 150, S. 120].

Zeolithe sind kristalline Alumosilikate. Dennoch gibt es auch aluminiumfreie Zeolithe, wie zum Beispiel das Silicallit. Es sind bis heute über 150 natürliche und künstliche Zeolithe mit der allgemeinen empirischen Formel: $M_{x/n}\ [(AlO_2)_x\ (SiO_2)_y]*(H_2O)_z$ bekannt [vgl. 35]. Durch einen geringeren Aluminiumgehalt sind in Zeolithen wenige Kationenzentren vorhanden. Diese Kationen sind zumeist hydratisiert. Synthetische Zeolithe werden durch Kationen, wie zum Beispiel Alkylamine, in den Kanälen stabilisiert. Man kann Zeolithe aufgrund der zahlreichen Strukturtypen in bestimmte Klassen ordnen:

1. Zeolithe mit eindimensionalen Kanälen, wie zum Beispiel Faserzeolithe
2. Zeolithe mit zweidimenensionalen Kanalsystemen, wie zum Beispiel lamellare Zeolithe
3. Zeolithe mit dreidimensionalen Kanalsystemen wie zum Beispiel Würfelzeolithe

[vgl. 125].

Primär setzt sich die Struktur aus dem Aluminiumoxid- bzw. dem Siliciumoxidtetraeder zusammen. Daraus können sich sogenannte Sekundärstrukturen bilden:

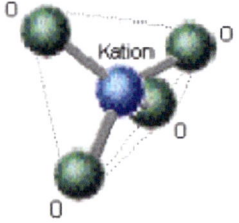

Abbildung 53: Primärbaustein [35]

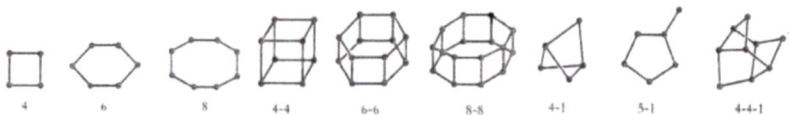

Abbildung 54: Sekundärbausteine [35]

Es gelten dabei bestimmte Konventionen: So liegen nach der Löwensteinschen Regel nie zwei Alumiuniumatome direkt nebeneinander vor. Diese neun Sekundarbausteine können wiederum höhere Strukturen ausbilden. Die höheren Strukturen sind zum Beispiel der α-Käfig, der β-Käfig, der Super-Käfig und der Fünfring-Polyeder [vgl. 35].

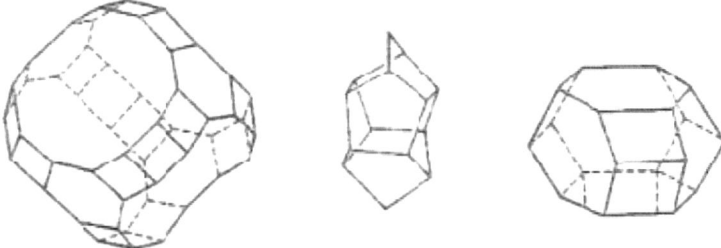

Abbildung 55: Super- Käfig, Füntringpolyeder, und weiteres Beispiel für höhere Strukturen [35]

Aus diesen Strukturen werden die Zeolith-Gerüste aufgebaut. Beispiele für solche Gerüste sind das Faujasit-, das Modernit- und das Sodalith-Gerüst.

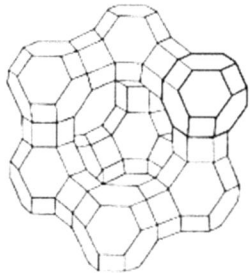

Abbildung 56: Beispiel für ein Zeolith- Gerüst [35]

Zeolithe sind hochsymmetrische Gitterstrukturen, die große, von der Art des Zeoliths abhängige Hohlräume beinhalten. Diese Räume sind direkt oder über Kanäle miteinander verbunden [vgl. 35].

4.1.3.3. Aktivkohle

Ein weiteres, mögliches Adsorbens ist die Aktivkohle. Aktivkohle kann durch Karbonisierung und anschließende Aktivierung unterschiedlicher kohlenstoffhaltiger Materialen gewonnen werden. Direkt nach der Aktivierung ist Aktivkohle eher hydrophob. Diese benutzt man zum Beispiel bei der Wasseraufbereitung, um das Wasser von Schadstoffen zu befreien. Für die Anwendung in den Adsorptionswärmepumpen oder für Speicher sollte die Aktivkohle chemisch mit Säuren oder Laugen nachbehandelt werden, sodass die Aktivkohle schwach hydrophil wird. Dann zeigt Aktivkohle ein ähnliches Adsorptionsverhalten wie Silicagele [vgl. 91, S. 264].

4.1.3.4. Sorptionswärmespeicher

Mit einem Sorptionsspeicher lassen sich hohe Energiedichten erzielen. Die Wirkungsweise eines Sorptionswärmespeichers ist in nachstehender Abbildung veranschaulicht:

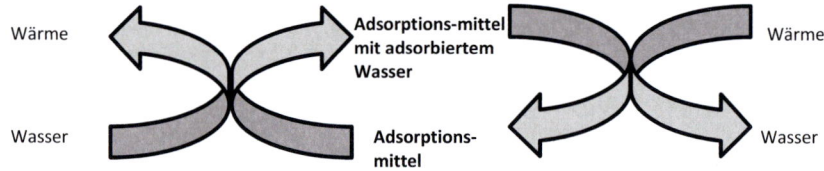

Abbildung 57: Vereinfachtes Prinzip der thermochemischen Speicherung mittels Sorptionswärmespeicher [133, S. 36]

Das Grundprinzip eines Sorptionsspeichers wird anhand eines Beispiels mit Silicagel als Adsorbens verdeutlicht und kann analog auf die anderen, angesprochenen Stoffklassen übertragen werden. Das Grundprinzip ist folgender Abbildung zu entnehmen:

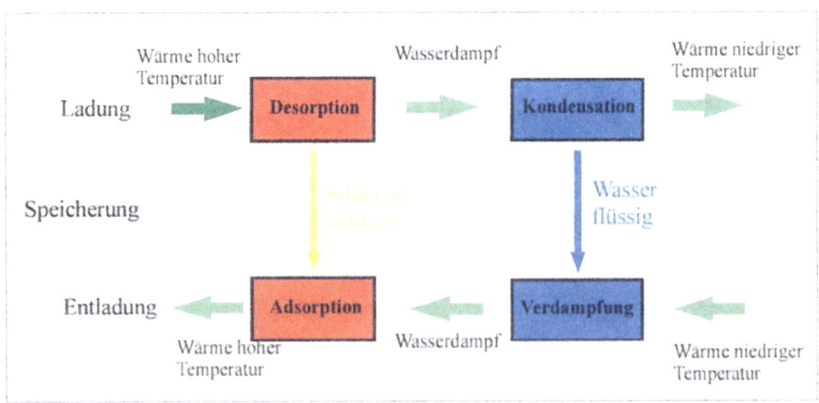

Abbildung 58: Prinzipielle Wirkungsweise eines Sorptionswärmespeichers mit Silicagel und Wasser [107, S. 2]

Dabei erfolgt die Beladung des Wärmespeichers mit Wärmeenergie auf einem hohen Temperaturniveau. Es entsteht Wasserdampf, der abgeleitet wird und dann separat kondensieren kann. Die dabei entstehende Wärme kann als Niedertemperaturwärme abgeführt werden. Wenn die Energie aus dem Speicher benötigt wird, wird der Prozess umgekehrt. Mit einer Niedertemperaturwärmequelle kann das Wasser verdampft werden und am Silicagel wieder adsorbieren [vgl. 107, S. 1 f.].

Die Vorteile von Sorptionsspeichern sind die hohe Verdampfungsenthalpie von Wasser und die große innere Oberfläche des Silicageles. Damit wird, wie bereits beschrieben, eine große Energiedichte erzielt [vgl. 107, S. 2]. Wegen der Speicherdichte sind die Sorptionsspeicher den anderen Speichermöglichkeiten überlegen. Vorteilhaft wirkt sich auch die Speicherung über einen beliebigen Zeitraum aus [vgl. 69, S. 39].

4.1.3.5. Metallhydridspeicher

Auch Metallhydride können als Speichermedium verwendet werden. Die Funktionsweise beruht auf einem endothermen Speicherprozess und demzufolge einer exothermen Reaktion bei Bereitstellung der Wärme [vgl. 150, S. 119].

Metallische Hydride entstehen durch Reaktion von Wasserstoff mit Übergangsmetallen. Da deren Eigenschaften den von Metallen ähnlich sind, ist die Bezeichnung metallische Hydride geläufig. Das Speicherprinzip beruht auf folgender Reaktion:

Wasserstoff und Metall → Metallhydrid und Wärmeenergie

Also:

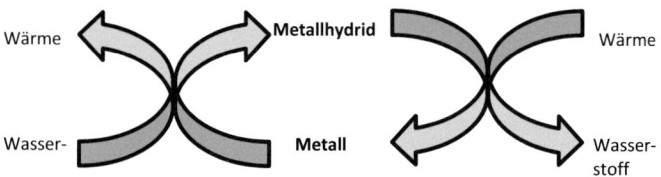

Abbildung 59: Vereinfachtes Prinzip der thermochemischen Speicherung mittels Metallhydriden [130, S. 7]

Das Metall oder die Legierung liegen pulverförmig vor. Damit ist eine große Reaktionsfläche aufgrund des hohen Zerteilungsgrades gegeben. Daraus resultiert eine schnelle chemische Reaktion. Bei der Hinreaktion, der Hydrierung, kommt es zu einer Volumenzunahme. Da diese Reaktionen oft in geschlossenen Behältern stattfinden, steigt damit der Druck in diesen. Diese Speicherung nimmt eine besondere Stellung ein, da neben der Wärmespeicherung auch eine Speicherung von Wasserstoff vollzogen wird [vgl. 69, S. 39]. Wichtig für die Wärmespeicherung ist die Sicherung eines guten Wärmetransportes [vgl. 15, S. 152 ff.].

4.1.3.6. Salzhydrate

Wie bei den latenten Wärmespeichern auf Basis von Salzhydraten bereits erwähnt wurde, können Salzhydrate auch zur chemischen Wärmespeicherung genutzt werden.

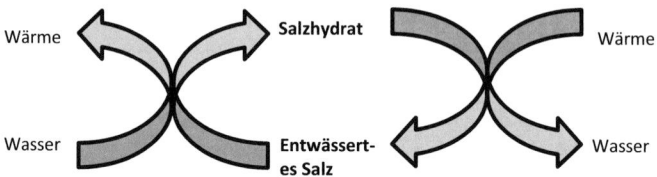

Abbildung 60: Vereinfachtes Prinzip der thermochemischen Speicherung mittels Salzhydraten [131, S. 15]

So kann das Kristallwasser aus einigen Salzhydraten, wie zum Beispiel Kupfersulfat-Pentahydrat und Cobaltchlorid- Hexahydrat, unter Wärmezufuhr ausgetrieben werden. Das „trockene" Salz kann dann, wenn die Wärme wieder benötigt wird, mit der stöchiometrischen Wassermenge reagieren und die gespeicherte Wärmeenergie wieder abgeben. Das bedeutet, dass bspw. ein Mol Kupfer mit genau 5 Mol Wasser zur Reaktion gebracht werden können. Gibt man weniger Wasser hinzu, kann auch Wärmeenergie abgeführt werden. Diese ist dann allerdings geringer als bei der Reaktion mit der stöchiometrischen Menge an Wasser. Gibt man mehr als die stöchiometrische Wassermenge zum entwässerten Salz, wird zwar die gesamte Energie frei, allerdings wird das überschüssige Wasser erwärmt. Daher ist die Nutzenergie dabei ebenfalls geringer [vgl. 131, S. 15 f.].

4.1.3.7. Weitere chemische Reaktionen

Zusätzlich werden auch weitere, reversible chemische Reaktionen mit möglichst großer Reaktionsenthalpie betrachtet.

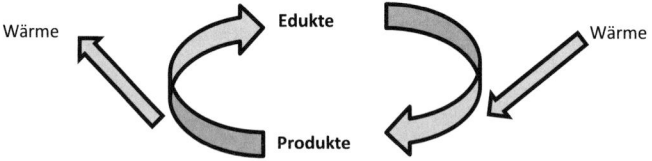

Abbildung 61: Vereinfachtes Prinzip der thermochemischen Speicherung mittels reversibler chemischer Reaktionen

Dies liegt bspw. bei der Knallgasreaktion vor: $2\ H_2 + O_2 \rightarrow H_2O$ und Energie (120 MJ kg^{-1} bzw. 571,6 kJ mol^{-1}). Dabei stehen in der Forschung Fragen der

Aufbewahrung der Reaktionspartner und der Lagerung neben den üblichen Anforderungen an eingesetzten Stoffen wie Toxiszität, Umweltverträglichkeit und Kosten im Vordergrund.

4.1.3.8. Thermochemische Speicher in der Anwendung

Thermochemische Speicher sind bis heute noch Gegenstand intensiver Forschung. Es zeichnen sich aber auch mögliche Anwendungen im Haus ab.

So kann die Adsorption von Wasser durch Silicagel bereits schon angewendet werden. Bei der Aufnahme von Wasser durch Silicagel (Adsorption) wird Wärme frei. Durch die Trennung von Silicagel und Wasser in verschiedenen Behältern mit Ventilen lässt sich der Zeitpunkt, die Zeitdauer und Menge des exothermen Prozesses frei bestimmen. Die dabei freiwerdende Wärme kann für das Heizungssystem genutzt werden. Dies stellt also eine Möglichkeit dar, Wärme aus zum Beispiel Solarenergieanlagen über einen längeren Zeitraum zu speichern [63, S. 14].

Für die Anwendung der Zeolithe wird ein Beispiel betrachtet. Eine Schule in München nutzt einen Sorptionsspeicher mit Zeolithen. In diesem Pilotprofekt der Münchner Gesellschaft für Stadtentwicklung (MGS) und des Bayerische Zentrums für Angewandte Energieforschung (ZAE) findet die Untersuchung von Wärmespeichern statt. Wenn der Heizbedarf der Schule niedrig ist, d.h. vorwiegend nachts und am Wochenende wird der Speicher mit Fernwärme geladen. Der Speicher enthält 7 Tonnen Zeolith. Ein Luftstrom, der mit Fernwärme auf 130°C temperiert wird, nimmt das an Zeolith gebundene Wasser auf. Die nun feuchte Luft weist durch die Kondensationswärme eine Temperatur von etwa 40°C auf. Diese kann also zum nachts und am Wochenende zum Heizen genutzt werden. An Wochentagen ist dann keine Fernwärme nötig, da der Speicher die Energie für das System aus Luft-, Radiator- und Fußbodenheizung, dessen Vorlauftemperatur bei 65° Celsius liegt, liefert. Dafür wird kalte feuchte Luft in den Speicher geleitet, die dann die Adsorptionsvorgänge hervorruft, sodass der Speicher die Adsorptionswärme freisetzt [vgl. 98]. Dies ist dem folgenden Schema zu entnehmen.

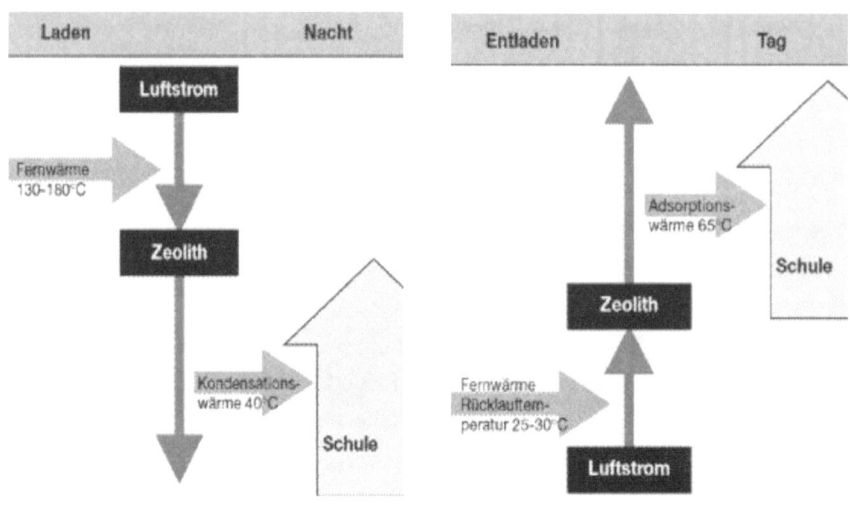

Abbildung 62: Beladung des Zeolithspeichers (nachts) und Entladung des Speichers (tags) [98]

Abbildung 63: Zeolithspeicher in seiner Ausführung [98]

Aber nicht nur aus der Fernwärme kann Energie für die Desorption gewonnen werden. Auch die in einer industriellen Anlage anfallende Abwärme kann für Zeolithspeicher verwendet werden. Dabei erfolgt der stetige Wechsel des entladenden und geladenen Speichers im Haushalt selbst über jeweilige Transporte [vgl. 91, S. 252].

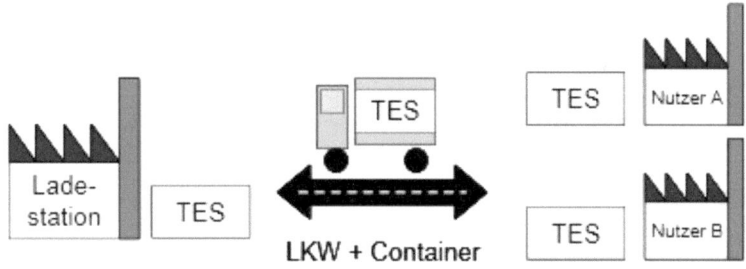

Abbildung 64: Schema für mobile Wärmespeicher, TES = thermochemischer Energiespeicher [91, S. 252]

4.1.4. Zusammenfassung

Ingesamt lässt sich diesem Überblick über die thermischen Energiespeicherungsmöglichkeiten entnehmen, dass es zahlreiche Methoden und Technologien gibt, die weiterhin in der Forschung betrachtet und weiterentwickelt werden. Insgesamt ergibt sich das Grundprinzip der Energiespeicherung:

Abbildung 65: Vereinfachtes Prinzip der Speicherung thermischer Energie [132, S. 3]

Zusammenfassend lässt sich anführen, dass die Speicher für thermische Energie ein sehr breites Anwendungssprektum aufweisen. Allein im Hausbau finden sie Verwendung in der Brauchwassererwärmung, der Raumheizung [vgl. 129, S. 11] und der Klimatisierung. Dafür werden unterschiedliche Techniken genutzt. Einerseits wird für die thermische Energiespeicherung innerhalb von Gebäuden eher die kurzfristigen Speichermöglichkeiten, wie thermisch aktive Bauteile, PCMs u.a., genutzt. Wesentliche Rollen spielen dabei zum Beispiel der Bau der eigentlichen Anlage zur Speicherung und die Konstruktion des Gebäudes (Wände etc.). Andererseits nutzt man für die thermische Energiespeicherung außerhalb des Gebäudes die Umgebung (Solarenergie, Erdwärme etc.) und damit eher Technologien für die längerfristige Speicherung, wie Aquifer-Speicher, Heißwasserspeicher, Kies- Wasser-speicher u.a. [vgl. ebd., S. 17 f.].

5. Energieaustrag

Der Energieverlust soll möglichst gering gehalten werden. Dabei soll der Wärmefluss von einem Ort höheren Temperaturniveaus (im Winter das Hausinnere) zu einem Ort geringerem Temperaturnievaus (im Winter die Umgebung des Hauses). Dieses dritte Charakteristikum von Energiesparhäusern wird anhand der Wärmedämmung und der Lüftungstechnologien expliziert.

5.1. Wärmedämmung

Für einen Wärmetransport ist die Temperaturdifferenz zwischen benachbarten Systemen die entscheidende Triebkraft. Die Richtung des Wärmestroms ist, wie bereits erörtert, durch den 2. Hauptsatz der Thermodynamik beschrieben. Nun obliegt es dem Ingenieur, den Transport von Wärme in das oder aus dem Haus so zu gestalten, dass er sowohl im Sommer als auch im Winter so gering wie möglich ist. Zum besseren Verständnis wird, bevor auf die verschiedenen Dämmarten eingegangen wird, auf grundlegende Begriffe eingegangen [vgl. 25, S. 1]. Bei dem thermischen Energietransport wird zwischen drei Vorgängen unterschieden:
- Wärmeleitung (in Festkörpern, ungeordnet in Fluiden)
- Konvektion (Wärmemitführung durch Strömung, in Fluiden)
- Wärmestrahlung (zwischen zwei Körpern)

[vgl. 73, S. 19]. Im Folgenden steht insbesondere die Wärmeleitung im Fokus, da diese Betrachtungen ausreichen, um einen Überblick über die Energieeinsparungsmöglichkeiten beim Energieaustrag zu geben. Dabei ist es unerheblich wie die Wärmedämmung genau erfolgt. Die Frage nach Außendämmung, Kerndämmung und Innendämmung wird daher hier nicht erläutert.

5.1.1. Grundlegender Sachverhalt

Neben dem kleinen Oberflächen- Volumen- Verhältnis und der Ausrichtung des Hauses nehmen nichttransparente und transparente Wärmedämmungssysteme eine bedeutende Rolle ein, da sie für eine natürliche Klimatisierung sorgen sollen [vgl. 106, S. 3 f.]. Liegt eine homogene, ebene Wand vor, so wird die Temperatur auf der Innenseite $T_{Luftinnen}$ und auf der Außenseite mit $T_{Luftaußen}$ bezeichnet. Betrachtet wird der Heizfall im Winter, das heißt $T_{Luftinnen} > T_{Luftaußen}$. Damit ergibt sich eine Temperaturdifferenz. Daraus resultiert ein

Wärmestrom von der Innen- zu der Außenseite [7, S. 29]. An der Grenzschicht zwischen Luft und Wand kommt es zu einem Wärmeübergang, in der Wand selbst vollzieht sich die Wärmeleitung. Aufgrund des Wärmeübergangs liegen auf der Wandoberfläche die Temperaturen $T_{Wandaußen}$ und $T_{Wandinnen}$ vor [vgl. 7, S. 29]. Zur Veranschaulichung ist folgende Graphik angeführt:

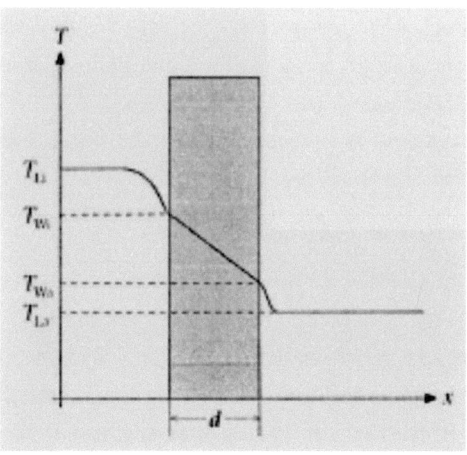

Abbildung 66: Schematischer Temperaturverlauf über einer homogenen Wand der Stärke d. Indizes: Li = Luft innen, Wi = Wand innen, Wa = Wand außen, La = Luft außen [7, S. 29]

Der Wärmestrom ist - sofern ein gedachtes Koordinatensystem über den Querschnitt der Wand gelegt wird - in x- Richtung proportional zu der Temperaturdifferenz und umgekehrt proportional zu der Dicke der Wand. Der Wärmestrom ergibt sich also aus:

$$\dot{Q} \sim -\frac{T_{Wandaußen} - T_{Wandinnen}}{x_{Wandaußen} - x_{Wandinnen}} = -\frac{\Delta T}{\Delta x}.$$

Die Einheit des Wärmestroms ist W m^{-2}. Das Vorzeichen – erscheint aufgrund der Richtung des Wärmestroms, da Wärme von höherer zu niedriger temperierten Orten strömt [vgl. 25, S. 3 f.]. Wegen der Proportionalität des Wärmestromes zu der Temperaturdifferenz der Lufttemperaturen innen und außen an der Wand lässt sich der Wärmestrom beim Wärmedurchgang durch folgende Gleichung beschreiben:

$$\dot{Q} = k\,A\,(T_{Luftinnen} - T_{Luftaußen}).$$

Dabei bezeichnet A die Fläche der Wand. Der eingeführte Proportionalitätsfaktor k ist der k- Wert (in älterer Literatur auch als U- Wert bezeichnet) [vgl. 16, S. 13]. Der k- Wert gibt an, wie viele Joule pro Sekunde und pro Grad Temperaturdifferenz durch ein Bauteil mit der Fläche von 1 m² fließen kann. Je kleiner der k- Wert ist, desto besser ist der Wärmedurchgang gehemmt [vgl. 7, S. 27].

Dabei beeinflussen drei wesentliche Komponenten den Wärmeenergiefluss. Der Wärmeübergang von der Zimmerluft auf die Wand wird durch den Wärmeübergangskoeffizienten α bestimmt:

$$\dot{Q} = \alpha_{innen} A \, (T_{Luftinnen} - T_{Wandinnen})$$

[vgl. 7, S. 29]. Der Wärmeübergangkoeffizient gibt an, welche Energie von der Oberfläche eines Fluides abgeführt und einer anderen Oberfläche zugeführt werden kann. Sie hängt damit von der spezifischen Wärmekapazität, der Dichte und dem Wärmeleitkoeffizienten der entsprechenden Stoffe ab. Sie ist dabei keine Materialkonstante, sondern vielmehr von der Art der Strömung, also laminar oder turbulent, abhängig.

Die zweite Komponente ist die Wärmeleitung in der Wand. Dabei bezeichnet λ die Wärmeleitfähigkeit und d die Stärke der Wand.

$$\dot{Q} = \frac{\lambda}{d} A \, (T_{Wandinnen} - T_{Wandaußen})$$

[vgl. 7, S. 29]. Im Allgemeinen ist der Wärmeleitkoeffizient von der Temperatur und, insbesondere bei Gasen, vom Druck abhängig. Je nachdem wie groß der Wärmeleitkoeffizient ist spricht man von guten (hoher Wert für λ) und schlechten (niedriger Wert für λ) Wärmeleitern. Metalle sind gute Wärmeleiter, Fluide schlechte Wärmeleiter. Die kleinen Wärmeleitkoeffizienten von Dämmstoffen resultieren oftmals aus den in den Hohlräumen eingeschlossenen Gasen mit ihren schlechten Wärmeleitkoeffizienten [vgl. 25, S. 6 f.].

Analog zum Übergang der Wärme von der Zimmerluft an die Wand erfolgt bei der dritten Komponente ein Wärmeübergang von der Wand an die Außenluft:

$$\dot{Q} = \alpha_{außen} A \, (T_{Wandaußen} - T_{Luftaußen}).$$

Insgesamt ergibt sich daraus folgende Gleichung:

$$\frac{1}{k} = \frac{1}{\alpha_{innen}} + \frac{d}{\lambda} + \frac{1}{\alpha_{außen}}.$$

Der Kehrwert des k- Wertes heißt Wärmedurchgangswiderstand R. In ihm ist der von dem Material und der Stärke des Materials abhängige Wärmedurchlasswiderstand beschrieben:

$$\Lambda = \frac{d}{\lambda}.$$

$\frac{1}{\alpha_{innen}}$ und $\frac{1}{\alpha_{außen}}$ sind Wärmeübergangswiderstände [vgl. 16, S. 13 f.].

Bei einer Wand mit mehreren Schichten gelten diese Sachverhalte gleichermaßen unter Berücksichtigung der einzelnen Wärmeübergänge der jeweilig benachbarten Schichten und Wärmeleitungen innerhalb der einzelnen Schichten.

5.1.2. Opake Wärmedämmung

Die opake Wärmedämmung beschreibt die konventionelle Wärmedämmung mit bestimmten Materialien. Die Reduzierung der Wärmeverluste steht dabei im Vordergrund. Dennoch kann kein abgeschlossener Systemzustand erreicht werden, denn unabhängig von der Stärke der Wärmedämmung ist immer ein Wärmeverlust zu verzeichnen, auch wenn dieser deutlich geringer wird [vgl. 68, S. 58]. Opake Wärmedämmung ist nicht transparent, das heißt für Solarstrahlung ist sie undurchlässig. Opake Bauteile reduzieren mehr oder weniger die Transmissionswärmeverluste, lassen aber auch keine Wärmegewinne durch die Solarstrahlung zu [vgl. 106, S. 4].

Weit verbreitet ist die Annahme, dass allein der k- Wert die Dämmeigenschaft beeinflusst.

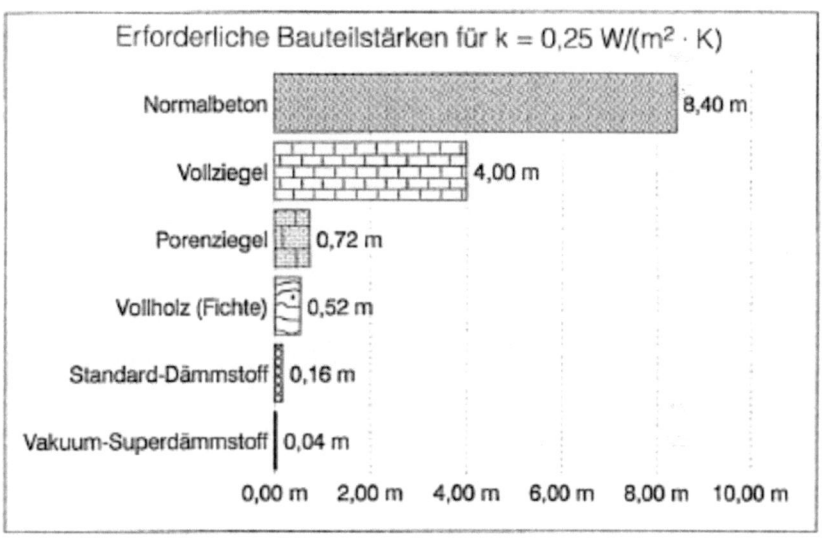

Abbildung 67: Gleiche Dämmwirkung bei Nutzung unterschiedlicher Baustoffe [28, S. 14]

Bezüglich der reinen Dämmung ist diese Annahme auch nachvollziehbar. Allerdings ist dies alleine nicht ausschlaggebend für das Energiesparen. Der Wärmeeintrag bzw. -austrag erfolgt durch Wärmeleitung und Strahlung in Dach und Wand [vgl. 30]. Im Folgenden wird lediglich der Energieaustrag im Winter betrachtet. Analogien zum Energieeintrag im Sommer sind dann im Wesentlichen einfache Umkehrungen. Im Anhang (A3) findet sich eine Auflistung physikalischer Größen ausgewählter Baustoffe. Wenn die Heizung in einem Raum eingestellt wird, dient die vom Heizkörper gelieferte Energie zur Erwärmung der Luft, der Einrichtungsgegenstände, der Wände und auch der Fenster und Türen. Mit zunehmender Temperatur der Innenoberflächen der Wände, Fenster und Türen wird auch der nach außen gerichtete Wärmestrom größer [vgl. 7, S. 27]. Eine Forschungsgruppe aus Bausachverständigen und Ingenieuren in Lichtenfels haben verschiedene Dämmmaterialien untersucht. Dabei wurden neben dem k- Wert auch die Temperaturverläufe der Bauelemente untersucht [vgl. 30]:

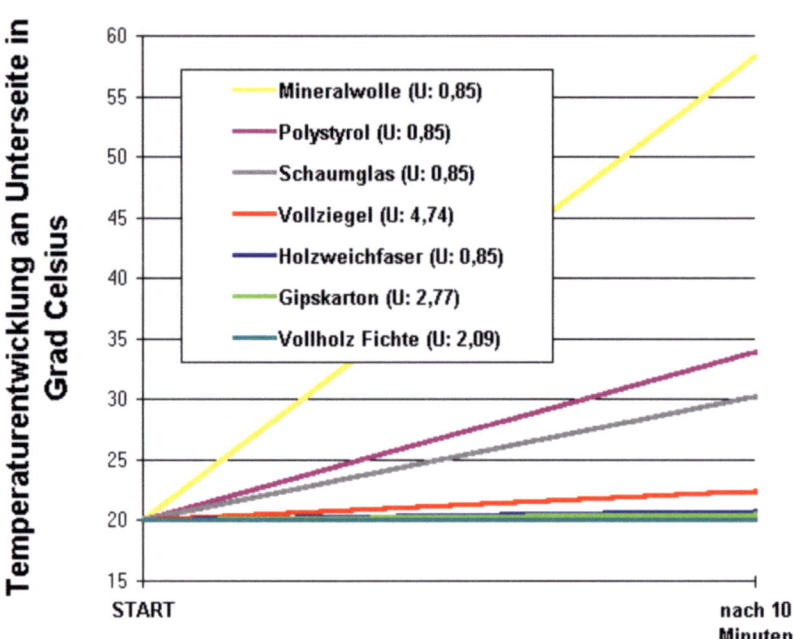

Abbildung 68: Anfangs- und Endtemperatur der Baustoffrückseite nach 10 Minuten Bestrahlung (alle Temperaturen auf Start 20 °C zurückgerechnet) [30]

An dieser Graphik ist zu erkennen, dass Holzstoffe und Ziegel am ehesten der Temperaturänderung und dem Energiefluss entgegenwirken. Mineralwolle, Polystyrol und Schaumglas besitzen eine gute Wärmeleitzahl (rund $\lambda = 0,04$ W m^{-2} K^{-1}) und einen kleinen k- Wert (rund k = 0,85 W m^{-2} K^{-1}). Dennoch werden gegenteilige Ergebnisse erzielt, das heißt die maximale Oberflächentemperatur ist mit 70°C (Polystyrol), 125°C (Schaumglas) und 180°C (Mineralwolle) erstaunlich hoch. Dadurch kann im Sommer eine starke Unbehaglichkeit im Haus entstehen. Die dafür notwendige Kühlung würde viel Energie benötigen [vgl. 30]. Das eigentlich verfolgte Ziel, Energie zu sparen, ist damit nicht erreicht. Daraus resultiert, dass bei den Dämmmaterialien nicht nur der k- Wert, sondern auch die Temperaturleitfähigkeit berücksichtigt werden muss.

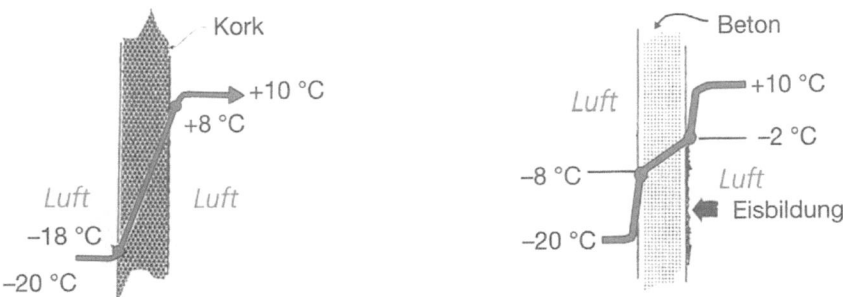

Abbildung 69: Wand (links) mit niedrigem k- Wert und Wand (rechts) aus einem Material mit guter Wärmeleitfähigkeit [154, S. 118]

In der Abbildung links ist ein Material mit niedrigem k- Wert dargestellt. Es liegt eine hohe Wärmedämmung und eine schlechte Wärmeleitfähigkeit vor. Daher sind innerhalb der Wand enorme Temperaturdifferenzen erforderlich, damit die Wärme durch die Wamd gelangen kann. Damit ist klar, dass je kleiner k-Wert um so größer auch Temperaturdifferenz in der Wand. Dies kann zu einem erhöhten Materialverschleiß führen. Rechts in der Abbildung hingegen ist ein Material mit höherem k-Wert und guter Wärmeleitfähigkeit dargestellt. Hier wird deutlich, dass je besser die Wärmeleitfähigkeit ist, umso kleiner die Temperaturdifferenz innerhalb der Wand [vgl. 154, S. 118]. Je größer der Temperaturleitkoeffizient also ist, desto schneller wird die Temperatur weitergetragen [vgl. 76, S. 2]. Er errechnet sich aus: $a = \frac{\lambda}{\rho\, c_p}$ [vgl. 25, S. 16 ff.]. Hierbei ist also die Wärmekapazität c_p von Bedeutung. Speicherfähige Baustoffe können die Energie zeitweise speichern. Gerade zur kälteren Zeit kann die flach einfallende Solarstrahlung die Oberflächentemperatur erhöhen und ggf. zu Speichergewinnen bei Beuteilen mit niedrigem Temperaturleitkoeffizienten führen. Daraus resultiert eine mögliche Verringerung des Energieaustrages und damit des Wärmeverlustes. In einem Experiment, bei dem über 25 Tage bei einer durchschnittlichen Außentemperatur von 2,5 °C ein Versuchbau mit gleichen Räumen aber unterschiedlicher Wandkonstruktionen beheizt wurde, wurden die Auswirkungen der Temparaturleitfähigkeit der Baustoffe gegenübergestellt. Dabei nutzte man als Dämmmaterial Polystyrol- Hartschaum (Außendämmung (23 cm) mit Fenster, k = 0,16 (pink); Außendämmung (10 cm) mit Fenster, k = 0,32 (rot); monolithisch (ohne

Dämmung) (49 cm), k = 0,46 (grün)) [vgl. 31]. So zeigte sich anhand dieser Untersuchung am Fraunhofer-Institut für Bauphysik, dass ein Raum mit einem großen und damit vermeindlich schlechten k- Wert insgesamt weniger Heizenergie verbraucht als die anderen Versuchräume, wie an folgender Abbildung zu erkennen ist [vgl. 30]:

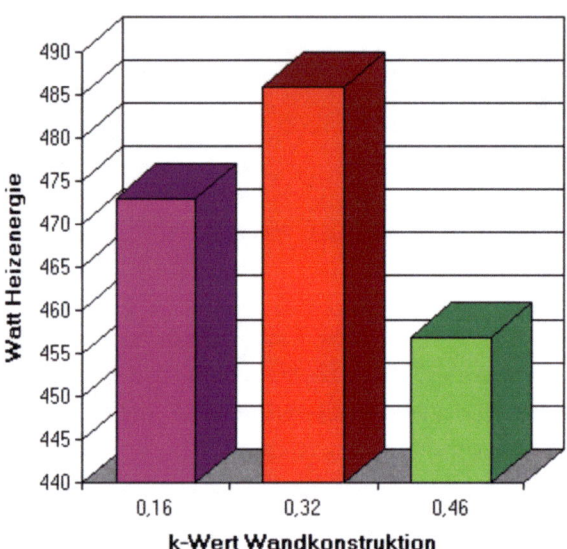

Abbildung 70: Energieverbrauch von Räumen mit verschiedenen Wandkonstruktionen [30]

Durch die hohe Temperaturbelastung, schnelle Auskühlung und damit verbundene Kondensatbildung können die kaum speicherfähigen Dämmmaterialien Schaden nehmen. Wärmedämmmaterialien sollen altersbeständig und umweltverträglich sein. Eine Auswahl an Wärmedämmstoffen findet sich bei Dieter Pregizer [vgl. 106 S. 12 ff.], darunter Polystyrol, Mineralfasern, planzliche Fasern, Holzfasern, Wolle etc.

Die konventionelle Wärmedämmung ist damit ausreichend für den Überblick betrachtet worden. Für die Technik ist die Integration von mikroverkapselten Latentwärmespeichern in den Dämmmaterialien und die transparente Wärmedämmung in aktueller Forschung von größerer Bedeutung, um neben kleinen k- Werten gute Speicherfähigkeiten der Wärmedämmungen zu erzielen.

5.1.3. Transparente Wärmedämmung

Neben opaken Dämmmaterialien können auch lichtdurchlässige, transparente Dämmstoffe verwendet werden. Die Sonne kann dabei die dahinterliegende Wand erwärmen. Durch die Dämmung kann die Wärme kaum wieder nach außen gelangen. So strömt die gewonnene Energie dem anschließenden Innenraum entgegen [vgl. 68, S. 58]. Die prinzipielle Wirkungsweise kann folgender Abbildung entnommen werden:

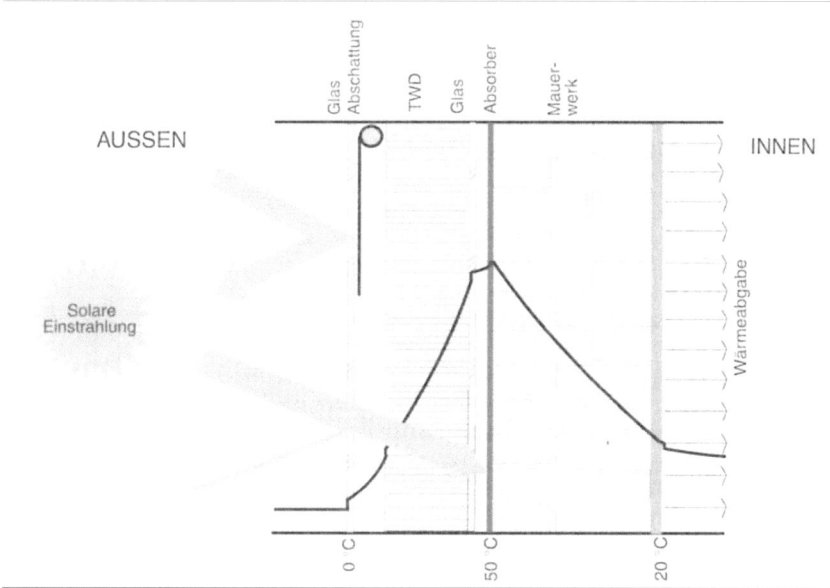

Abbilung 71: Wirkungsweise transparenter Wärmedämmungen [14, S. 102]

Die Wand dient als Wärmespeicher, gleichzeitig verzögert sie in Abhängigkeit von Wanddicke und dem Dämmmaterial den Energiefluss von außen nach innen. So kann tagsüber zum Beispiel Wärme in der Wand gespeichert werden, die dann nach mehreren Stunden, zum Beipiel in der Nacht, an den Innenraum abgegeben wird. Bei sonnigen Tagen muss eine Verschattungmöglichkeit der Bauteile gegeben sein, um einen zu großen Energieeintrag zu verhindern. Eine Reihe von Herstellern produzieren mittlerweile solche Bauelemente [vgl. 69, S. 59 ff.]. Dem Anhang (A4) sind bestimmte Materialen und Kennwerte zu entnehmen.

Die transparente Wärmedämmung wird durch drei Wärmeverlustmechanismen beeinflusst. Als erstes ist der Konvektionswärmeverlust zu nennen. Durch Verwendung von Kapillaren wird die Bewegung der Luft in den kleinen Zwischenräumen verhindert. Solche Bauteile sind in folgender Graphik veranschaulicht:

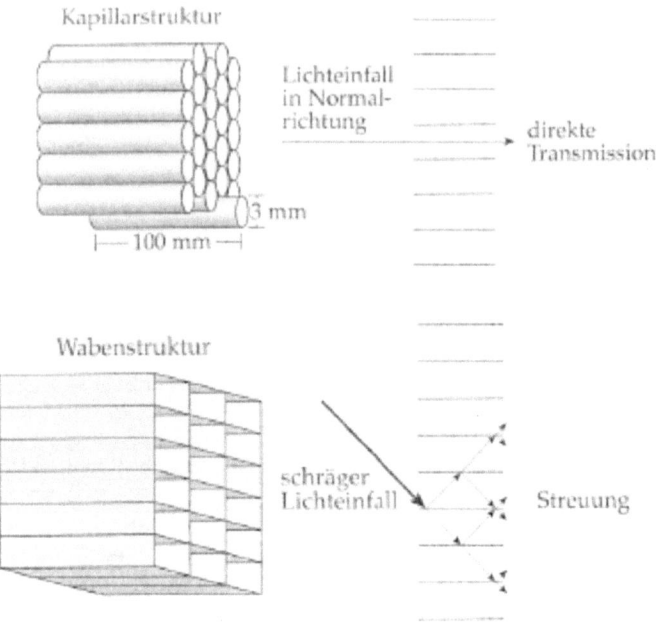

Abbildung 72: Eine Möglichkeit für den Aufbau der Struktur einer transparenten Wärmedämmschicht [8, S. 23]

Diese Kapillarstrukturen reduzieren auch die Strahlungswärmeverluste. Dies geschieht zum Beispiel über eingesetzte Polycarbonate. Dadurch wird eine Wärmerückstrahlung verhindert. Analog zu vielen Dämmmaterialien findet eine reduzierte Wärmeleitung durch in den Zwischenräumen der transparenten Wärmedämmmaterialien befindliche Luft statt [vgl. 14, S. 103 f.].

5.1.4. Gewöhnliche Fenster und optisch schaltbare Fenster

Die transparente Wärmedämmung stellt eine passive Nutzung der Solarenergie dar. Eine andere Möglichkeit sind die Fenster. Neben den gewöhnlichen Verglasungen sollen hier auch optisch schaltbare Verglasungen erläutert werden.

5.1.4.1. Glas

Das Glas als Bestandteil eines Gebäudes soll zur Regulation des Klimas innerhalb des Gebäudes beitragen. Dies erfolgt über einen Energieaustausch zwischen Umgebung und Gebäude. Glas ist aufgrund seiner chemischen Stabilität und Resistenz gegen viele äußere Einwirkungen ein häufig verwendeter Baustoff [46, S. 1 ff.].
Glasbildende Strukturen lassen sich bis zu einer bestimmten Temperatur, Transformationstemperatur genannt, unterkühlen. In diesem Bereich nimmt die Viskosität stark zu. Die Beweglichkeit der großen Moleküle ist somit sehr eingeschränkt. Die Moleküle können sich nicht regelmäßig anordnen, um eine feste Struktur zu bilden. Neben den Silikaten können auch einige anorganischen Stoffe, wie Schwefel, Selen, Phosphor und Bortrioxid, organische Stoffe, wie geschmolzener Zucker, und auch Polymere, wie Polyethylen, glasartige Strukturen bilden. Gläser sind nichtkristalline starre Körper. Die Moleküle zeigen keine regelmäßige Struktur, wie es an nachstehender Abbildung zu erkennen ist:

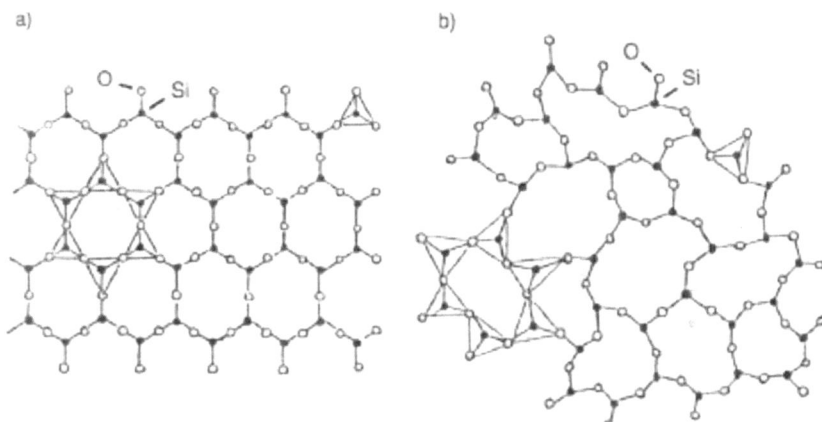

Abbildung 73: a: Gitterstruktur von Quarzkristallen (SiO$_2$), b: Netzwerkstruktur von Quarzglas (geschmolzenes Quarz, SiO$_2$) [61, S. 43]

Es lassen sich in diese Strukturen in bestimmten Konzentrationen verschiedene Elemente einbauen. So kann man die physikalischen und chemischen Eigenschaften des Glases variieren und den Anforderungen anpassen [vgl. 61, S. 43].
Normales Flachglas für Fenster wird aus einer zähflüssigen Schmelze hergestellt. Über ein mehrere Meter breites Band wird die Schmelze nach oben „gezogen", daher als Ziehverfahren bezeichnet. Dieses Glasband kühlt an der Luft ab und erstarrt. Seit 1960 existiert das sogenannte Floatglas. Dies stellt eine Verbesserung des Flachglases hinsicht-

lich der Eigenschaften, wie erhöhte Stabilität, dar [vgl. 61, S. 44]. Floatglas besteht aus 60 % Quarzsand, 19 % Natriumcarbonat- Decahydrat, 15 % Calciummagnesiumcarbonat und 6 % weitere Bestandteile [94, S. 4].

Der Gesamtenergiedurchlassgrad g gibt an, wie viel Energie der auftreffenden Sonnenstrahlung in das Rauminnere getragen wird. Wie an der folgenden Abbildung veranschaulicht, berücksichtigt diese Konstante zum einen direkte Wärmegewinne aufgrund von Transmission, zum anderen indierekte Wärmegewinne aufgrund von Adsorption der Solarenergie, die dazu führt, dass das Glas sich erwärmt und teilweise in den Raum hineingetragen wird [vgl. 94, S. 4 f.].

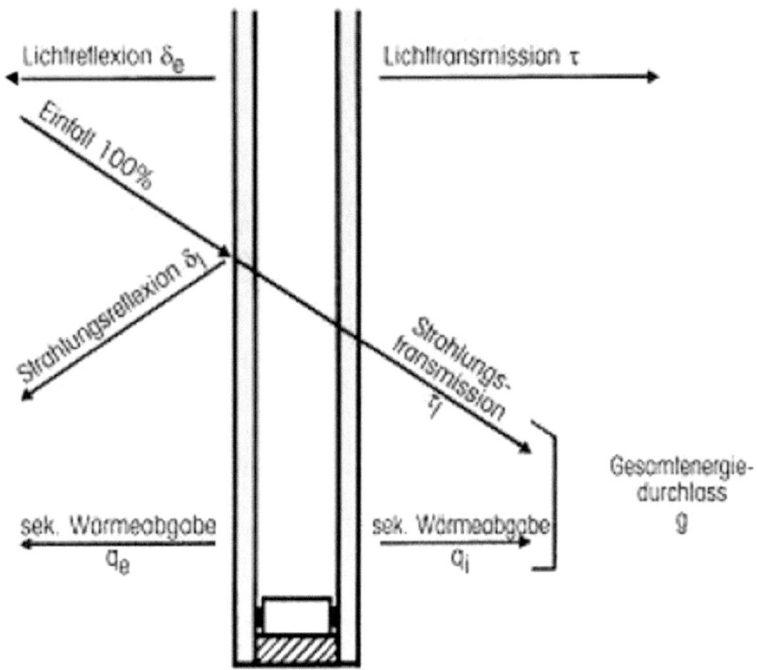

Abbildung 74: Beiträge zum g- Wert eines Fensters [94, S. 5]

Die folgenden Abbildungen zeigen das typische Sonnenspektrum und die Transmission von Fensterglas:

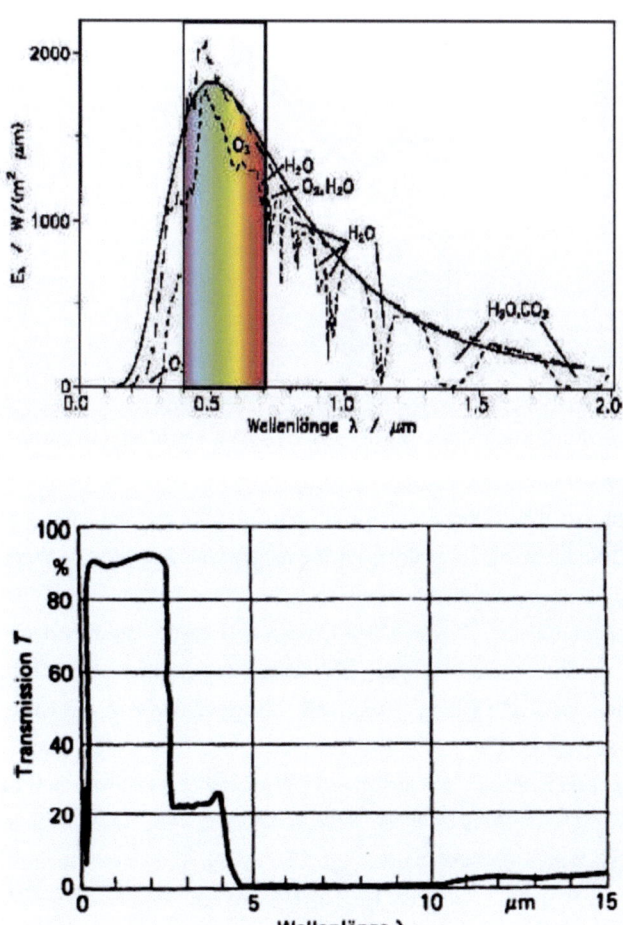

Abbildung 75: Sonnenspektrum (oben) und Transmission von Fensterglas (unten) [94, S. 5]

An den Graphiken ist zu erkennen, dass 98 % der Energie der Sonnenstrahlung in einen Wellenbereich von 0,2 bis 2,5 µm liegen. An der rechten Abbildung ist zu erkennen, dass dieser mit Ausnahme des UV- Bereichs der Bereich maximaler Transmission ist. Fast die gesamte nach außen gerichtete Raumstrahlung mit einer Wellenlänge von 3 bis 30 µm kann wegen der geringen Transmission des Glases nicht nach außen gelangen. Die Folge ist im Winter eine starke Aufheizung des Rauminneren [vgl. 94, S. 5 ff.]. Dies verdeutlicht die folgende Abbildung:

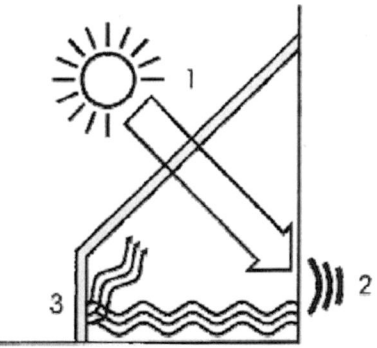

Abbildung 76: Prinzip der passiven Solarenergienutzung. 1: Transmission, 2: Aufheizung, 3: Wärmeabgabe nach außen unterdrückt durch Undurchlässigkeit von Glas für langwellige Infrarotstrahlung [94, S. 6]

Glas ist zudem gut wärmeleitend und damit ungeeignet für die vermeidung von Wärmeverlusten und Reduzierung unerwünschter Wärmegewinne. Niedrige k- Werte führen zu einem geringeren Transmissionswärmeverlust während aus niedrigen g- Werten geringere Wärmegewinne resultieren. Diese Größen können, wie bereits angesprochen, modifiziert werden. So wurden zum Beispiel die Wärmeschutzgläser entwickelt, die die Transmissionsverluste sehr gering halten, und Sonnenschutzgläser, die einen kleinen g-Wert aufweisen [123, S. 69].

Wärmeschutzgläser besitzen einen niedrigen k- Wert. Dies erreicht man zum Beispiel über Zweifach- oder Dreifachverglasungen, Edelgasfüllungen oder auch durch den Einsatz bestimmter Folien oder Beschichtungen [vgl. 123, S. 69]. Einfachverglasungen können k-Werte von 4 – 6 W m^{-2} K^{-1} erreichen. Doppelverglasungen weisen dagegen Werte von 1 - 3 W m^{-2} K^{-1} auf. Mit steigendem Abstand und steigender Anzahl der Verglasungen sinken die k- Werte dieser Bauteile. Der k- Wert kann weiterhin druch Edelgasfüllungen reduziert werden [vgl. 68, S. 48 f.].

Sonnenschutzgläser hingegen dienen zur Adsorption oder zur Reflexion der Sonnenenergie. Diese Fenster haben den Nachteil, dass sie einen geringen Lichtdurchlässigkeitswert, der τ- Wert, besitzen. Der reduzierte bzw. vermiedene sommerliche Wärmegewinn tritt gleichzeitig mit reduziertem ganzjährigen Tageslichtgebot auf. Sonnenschutzgläser eignen sich daher nicht zur passiven Nutzung der Solarenergie.

Die Optimierung zwischen dem niedrigen Gesamtdurchlassgrad und dem Wärmedurchgangskoeffzient ist Gegenstand aktueller Forschung [vgl. 123, S. 69]. Seit einigen Jahren werden Fenster mit bestimmten Stoffen oder Oxidschichten so modifiziert, dass der

Energieeintrag über die Fenster verringert wird und so der Gefahr einer Aufheizung des Innenraumes entgegenwirkt. Eine Vielzahl von Varianten basieren auf unterschiedlichen physikalischen und chemischen Prinzipien, wie die Abhängigkeit von der Einstrahlung, der Temperatur oder angelegten Spannung [vgl. 14, S. 49]. Einige Möglichkeiten dafür sollen im Folgenden kurz beschrieben werden.

5.1.4.1.1. Elektrochrome Gläser

Elektrochrome Materialien ändern beim Anlegen einer äußeren Spannung ihre optischen Eigenschaften. Die Elektrochromie stellt eine gute Möglichkeit, die Eigenschaften der Verglasung zu beeinlussen, dar, weil die elektrische Steuerung eine aktive Variation der Lichtdurchlässigkeit je nach Bedarf ermöglicht [vgl. 46, S. 3].

Dabei werden bei einer Doppelverglasung die beiden Innenseiten mit einem Oxid beschichtet. Ein Verfahren dafür ist bei Peter Braun [14, S. 43 ff.] nachzulesen. Über eine leitfähige Polymerfolie sind die beiden Oxidschichten miteinander verbunden. Geringe Spannungsimpulse bewirken eine Veränderung der Licht- und Energiedurchlässigkeit. Meist verfärben sich dabei die Glaser [123, S. 69].

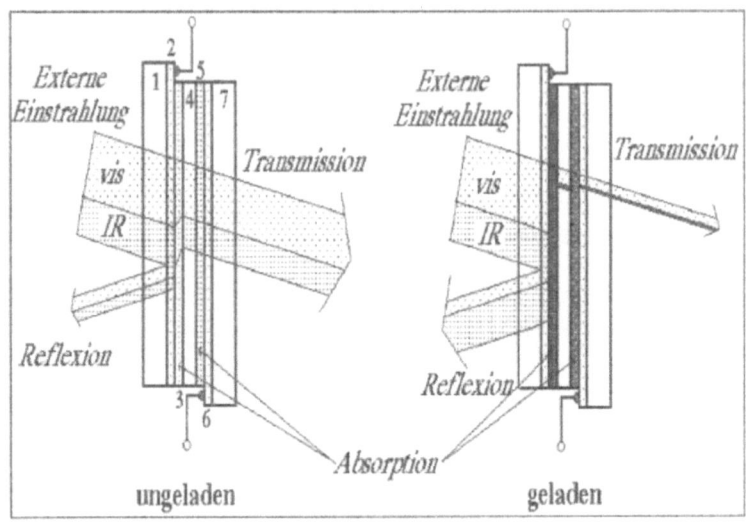

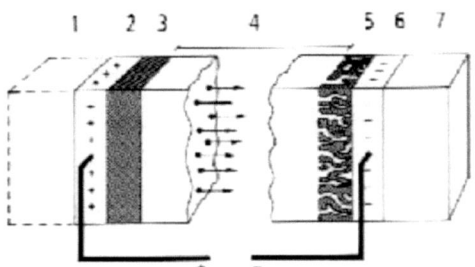

Abbildung 77: Schematische Darstellung der Steuerung von Durchlässigkeit und Reflexion elektromagnetischer Strahlung bei elektrochromen Verglasungen
1,7: transparente Substanzen, wie Glas oder Kunststoff
2,6: transparente Elektroden, zum Beispiel In_2O_3 : Sn
2,5: komplementäre elektrochrome Schichten, zum Beispiel WO_3, NiO
4 : ionenleitende Schicht
[vgl. 46, S. 4 und 94, S. 12]

Dabei sind die für die Steuerung des Energiedurchgangs bedeutsamen elektrochemischen Reaktionen:

$$\text{katodische Färbung} \qquad\qquad \text{anodische Färbung}$$
$$EC_1 + e + K^+ \Leftrightarrow KEC_1 \quad (1\text{ a}) \qquad EC_2 + A^- \Leftrightarrow AEC_2 + e \quad (1\text{ b})$$
$$(\text{farblos}) \qquad\quad (\text{farbig}) \qquad\qquad (\text{farblos}) \qquad\quad (\text{farbig})$$

wobei die EC_1 und EC_2 komplementäre elektrochrome Materialien sind. Die Ionen entstammen der ionenleitenden Schicht. Sie werden durch das Dissoziationsgleichgewicht eines in der ionenleitenden Schicht befindlichen Salzes gebildet bzw. verbraucht. „*Die erforderliche Kompensation der Ladungen erfolgt durch Insertion von Kationen (K^+) bei der katodischen Reduktion (Gleichung 1a) oder von Anionen (A^-) bei der anodischen Oxidation (Gleichung 1b)*" [46, S. 4].

Wolframoxid ist bis heute das etablierteste elektrochrome Material. Das in dünner Schicht weitgehend ungefärbte WO_3 wird durch elektrochemische Reduktion bei gleichzeitigem Einbau eines ladungsneutralierenden Kations M (z.B. H^+, Li^+, K^+) blau gefärbt und bei Umkehrung dieses Vorgangs wieder entfärbt:

$$WO_3 \text{ (ungefärbt)} + xe^- + xM^+ \leftrightarrow M_xWO_3 \text{ (blau) mit } x \leq 0,3.$$

Neben WO_3 und MoO_3 gibt es eine Vielzahl weiterer Übergangsmetalloxidverbindungen, die in der Form dünner Filme nutzbare elektrochrome Effekte zeigen (z.B. IrO_2, NiO, Nb_2O_5) [62].

Die Änderung erfolgt durch Ein- bzw. Auslagerung von Ionen, bspw. Protonen oder Ionen von Alkalimetallen, an den Übergangsmetalloxiden. Die Kristallstruktur dieser bleibt dabei erhalten. Diesen Vorgang bezeichnet man auch als Interkalation. Dadurch verändert sich die Oxidationsstufe des Übergangsmetalls in seinem Oxid. Damit verbunden ändert sich die Bandstruktur. Infolge dessen variieren auch die elektrische Leitfähigkeit und die optischen Eigenschaften. Die Stromzufuhr muss während des Schaltvorgang aufrecht erhalten werden. Wie oben in der Abbildung bereits deutlich wurde, erfolgt im geschalteten Zustand eine verminderte Lichttransmission. Dies zeigt auch nachstehende Abbildung:

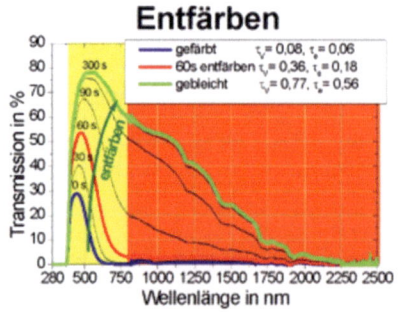 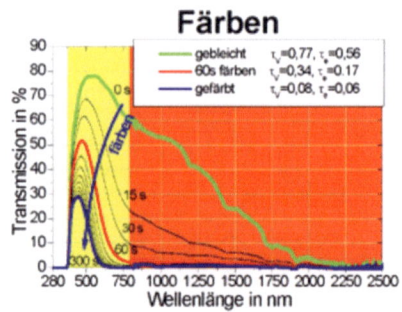

Abbildung 78: Spektrale Änderung der Lichttransmission eines elektrochromen Glases während des Schaltens [62]

5.1.4.1.2. Thermochrome und thermotrope Gläser

Die Thermochromie ist die Bezeichnung einer temperaturabhängigen Veränderung der optischen Eigenschaften eines Stoffes. Die Verfärbung kann durchaus einen gestalterischen Zweck erfüllen. Es ist aber keine Verfärbung der Gläser im sichtbaren Bereich erwünscht. Ziel ist vielmehr eine „Veränderung der Farbe" im infraroten Spektralbereich, sodass Wärmestrahlung abhängig vom Schaltzustand der Glasscheibe durchgelassen oder abgeblockt wird. Etwa bei einer Temperatur von über 25 °C Innentemperatur soll sich diese „Verfärbung" reversibel vollziehen [vgl. 94, S. 14].

Ein Beispiel für eine thermochrome Beschichtung ist das Vanadiumdioxid VO_2. Das Vanadiumdioxid unterliegt bei 68 °C beim dem Phasenübergang einer erheblichen Änderung der optischen Eigenschaften. Durch eine Dotierung mit Wolfram oder Molybdän kann die erforderliche Schalttemperatur auf bis zu 20 °C herabgesetzt werden.

Auch Phasenübergänge von Flüssigkristallsystemen sowie temperaturabhängige Entmischungsvorgänge können für die Steuerung der Lichtdurchlässigkeit in einem Temperaturbereich von 20 – 30 °C genutzt werden [vgl. 46, S. 3]. Solchen Vorgängen bedient man sich bei thermotropen Beschichtungen. Thermotrope Gläser wirken über den gesamten Spektralbereich und gehen mit steigender Temperatur von einem transparenten zu einem opaken Zustand über, worin auch wieder ein Nachteil begründet liegt [vgl. 94, S. 13].

5.1.4.1.3. Photochrome und phototrope Gläser

Phototrope und photochrome Gläser ändern ihre Lichtdurchlässigkeit während der Bestrahlung mit ultraviolettem oder kurzwelligem sichtbarem Licht [vgl. 94, S. 12].

Abbildung 79: Transmission der belichteten und unbelichteten phototropen Verglasungen [94, S. 12]

Im Glas ist zum Beispiel gleichmäßig mit Silberhalogenid dotiertes Kupfer verteilt. Die Strahlung der oben genannten Bereiche löst ein Elektron des Kupfers heraus. Dieses wird vom Silberion aufgenommen. Die daraus resultierenden Silberatome finden sich zu Clustern zusammen und absorbieren sichtbares Licht. Infolgedessen färbt sich das Glas dunkel. Setzt die Betrahlung aus, läuft der umgekehrte Prozess ab [vgl. 94, S. 12]. Dieser Technlogie bedient man sich auch bei schaltbaren Brillengläsern. Spiroxazine sind wegen ihrer guten reversiblen Photochromie bereits seit einiger Zeit auf dem Markt etabliert [vgl. 23, S. 26].

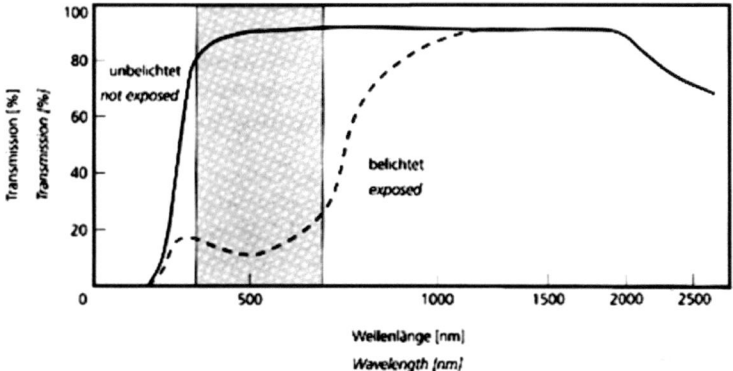

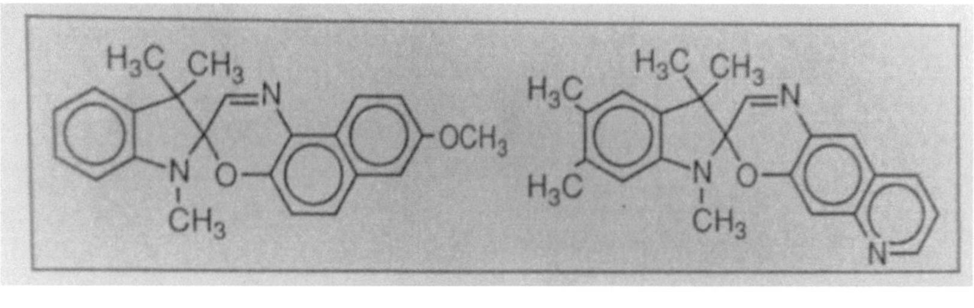

Abbildung 80: Spiroxazine in photochromen Brillengläsern [23, S. 26]

Die Silberhalogenide werden auch bei photochromen Gläsern verwendet. Hierbei beruht das Prinzip auf einer photochemischen reversiblen Reaktion von Silberhalogeniden oder organischen Verbindungen.

5.1.4.1.4. Gasochrome Gläser

Eine Vereinfachung des komplex aufgebauten, elektrochromen Wolframtrioxidsystems aus Kapitel 5.1.4.1.1. stellen die gasochromen Gläser dar. Dabei wird die Einfärbung der Wolframoxidschicht mittels eines Gases realisiert. Das Prinzip gestaltet sich wie folgt:

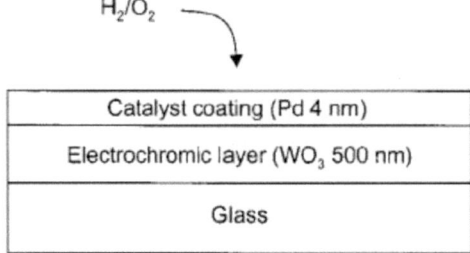

Abbildung 81: Schematischer Aufbau eines gasochromen Systems [94, S. 14]

Über einen Katalysator wird Wasserstoff geleitet. Dieser Katalysator spaltet den elementaren Wasserstoff. Die sich daraus ergebenden Protonen lagern sich am Übergangsmetalloxid an. Die Entfärbung ist mit einem Sauerstoffstrom möglich [vgl. 94, S. 13].

Die Durchsicht bleibt im gefärbten, also blauen, Zustand erhalten, die Transmission verringert sich jedoch von etwa 65 % auf ca. 10%, wie nachstehende Abbildung zeigt. Dieser Vorgang benötigt in Abhängigkeit von der Glasfläche etwa fünf Minuten [3].

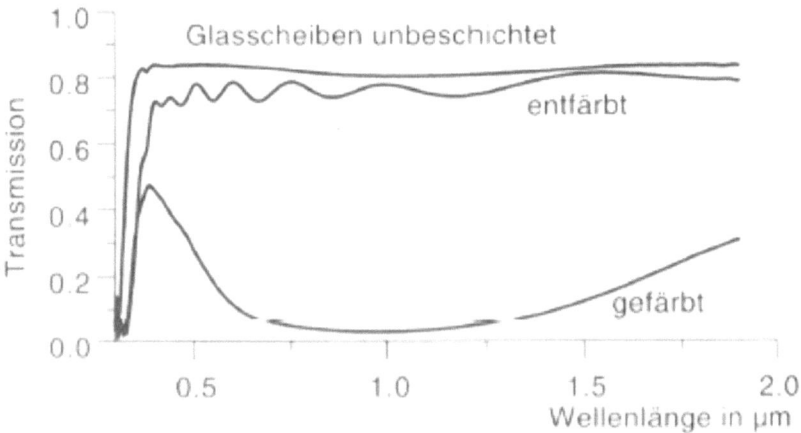

Abbildung 82: Transmission gasochrom schaltender Schichten im Vergleich zu einer unbeschichteten Glasscheibe [vgl. 59, S. 34]

5.2. Technologien für die Lüftung

Durch die tägliche Hygiene entsteht eine hohe Luftfeuchtigkeit, die nach draußen entweichen muss. Etwa alle zwei Stunden sollte die Raumluft erneuert werden. In einigen Bauten wird ein Teil über undichte Stellen ausgetauscht. Je luftdichter das Gebäude, umso wichtiger ist das bewusste Lüften der Räume [vgl. 93].

Abbildung 83: Benötigte Frischluft pro Person [123, S. 7]

Ein angenehmes Raumklima und auch hygienisch unbedenkliche Raumluftqualität bieten die Basis für ein gesundes Wohnen. Darin liegt die Aufgabe der Lüftung begründet. Dabei liegt das Augenmerk insbesondere auf den folgenden Schadstoffen, die über die Lüftung ausgetragen werden müssen:
- Kohlenstoffdioxid, welches bei Stoffwechsel- und Verbrennungsvorgängen emittiert wird
- Wasserdampf, der durch die Ausscheidungen von Menschen, Verdunstungsvorgängen bei Pflanzen und Duschen etc. entsteht
- Geruchsstoffe, die durch menschliche Ausdunstungen und haushaltsübliche Tätigkeiten in die Luft gelangen
- Giftige Gase und Dämpfe, wie bspw. Sickoxide, Kohlenwasserstoffe, Aldehyde, Lösungsmittel, aus Gegenständen oder Materialen entweichen oder durch Verbrennungsprozesse entstehen
- Mikroorganismen wie Bakterien, Viren, Schimmelpilzsporen, Staubmilben

[28, S. 94].

Dabei gibt es verschiedene Möglichkeiten für eine ausreichende Lüftung, die im Folgenden expliziert werden.

5.2.1. Lüftung mit geöffneten Fenstern

Man kann über öffnungsfähige Fenster mittels folgender Methoden selbst für Frischluft sorgen [vgl. 92]:
- Stoßlüften (weit geöffnetes Fenster, bestenfalls verschiedene Fenster auf verschiedenen Hausseiten öffnen, etwa 5 Minuten für vollständigen Luftaustausch)
- Fenster ankippen (benötigt das fünffache an Zeit für vollständigen Luftaustausch, im Winter kommt das Problem auf, Wand und Boden in Fensternähe stark abzukühlen)

[vgl. 92]. Die Lüftung über die Fenster bedient sich zwei Arten des Transportes. Einerseits wird der Wind und andererseits die Temperaturdifferenz als Triebkraft benutzt. Im Winter ist die Temperaturdifferenz die maßgebliche Triebkraft, im Sommer in erster Linie der Wind. Diese beiden Abhängigkeiten werden im Folgenden beschrieben.

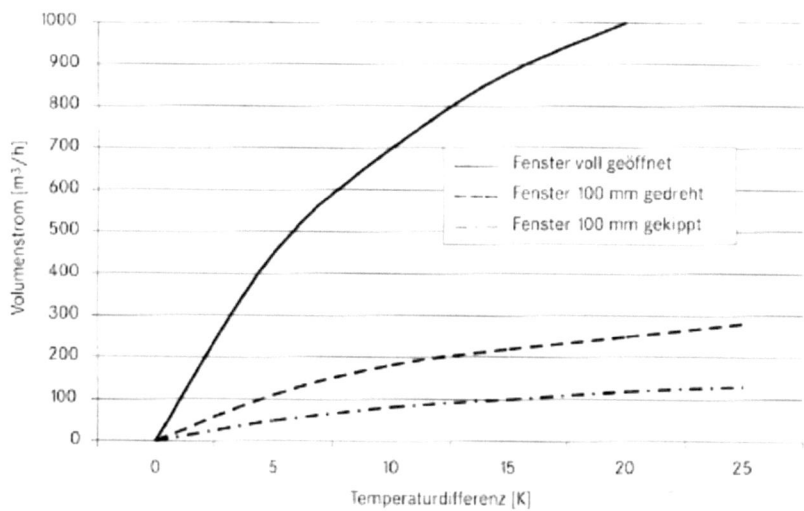

Abbildung 84: Luftvolumenstrom in Abhängigkeit von der Temp.-differenz [123, S. 83]

Bei hoher Temperaturdifferenz ist der Volumenstrom bei weit geöffneten Fenstern am größten. Die Temperatur- und Luftabhängigkeit ist in folgender Abbildung ersichtlich:

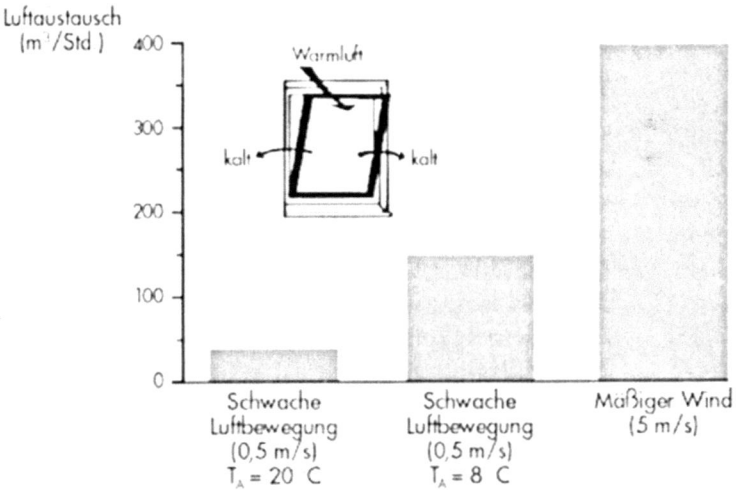

Abbildung 85: Wind- und Temp.-abhängigkeit beim Lüften mit einem Fenster [123, S. 83]

Bei Atrien werden geringe Anforderungen an Behaglichkeit gestellt. Daneben sind sie auch aufgrund ihrer Höhe für die freie Lüftung von Interesse. Durch geeignete Fenstertechniken lassen sich Kühlung und Erwärmung sowie die Lüftung regulieren [123, S. 84].

5.2.2. Lüftungsanlagen bei Luftdichtheit des Gebäudes

Energiesparhäuser sind zumeist luftdicht gebaut. Auch der Sauerstoffverbrauch und die Luftschadstoffproduktion machen eine kontrollierte Lüftung notwendig. Sinkt die Sauerstoffkonzentration, so sinkt auch die Konzentrationsfähigkeit [vgl. 123, S. 7]. Neben diesen Gründen für die Verwendung einer Lüftungsanlage steht auch der enorme Verlust von Wärmeenergie bei manueller Lüftung [vgl. 19, S. 44]. Eine Lüftungsanlage verfolgt das Ziel, ein angenehmes Raumklima zu erreichen und auch eine Wärmerückgewinnung zu erzielen. Es soll also ausreichend Frischluft zugeführt und die Restwärme der Abluft genutzt werden. Darüber hinaus soll auch die Gefahr der Schimmelpilzbildung gesenkt werden [vgl. 92]. Für diese Technologie sind bereits drei verschiedene Bauweisen etabliert, nämlich die dezentralen und zentralen Lüftungsgeräte sowie die Abluftanlagen.

Die dezentralen Lüftungsgeräte versorgen bestimmte Räume mit Frischluft, in denen besondere Lüftungsprobleme bestehen, wie zum Beispiel in Räumen mit hoher Luftfeuchtigkeit oder starker Luftverschmutzung, wie Küchen, Bäder und Raucherzimmern. In der Regel werden sie neben den Fenstern montiert. Dezentrale Zu- und Abluftgeräte sind auch für die Wärmerückgewinnung über einen Wärmetauscher geeignet [vgl. 92].

Bei Abluftanlagen gelangt über einen Ventilator Luft aus stark belasteten Bereichen nach außen. In Wohn- und Schlafräumen dagegen wird Frischluft in das Haus eingeführt. Um den Luftaustausch innerhalb der gesamten Wohnung zu gewährleisten, müssen die Zwischenwände bzw. Türen ausreichend große Luftdurchlässe haben [vgl. 92].

Zentrale Lüftungsgeräte funktionieren analog dazu. Hierbei werden allerdings beide Luftströme, nicht nur der Abluftstrom wie bei Abluftanlagen, über Kanäle geleitet. Zentrale Lüftungsgeräte nutzen ein Wärmerückgewinnungssystem. Insbesondere in Energiesparhäusern kommt diese Technik zur Anwendung [vgl. 92].

Die Wärmerückgewinnung erfolgt über einen Wärmetauscher. Diese Geräte sollen im Folgenden beschrieben werden.

5.2.2.1. Wärmetauscher

Bei einer mechanischen, kontrollierten Lüftung nutzt man meistens Wärmetauscher. Hier wird der Wärmestrom zwischen zwei unterschiedlich temperierten Medien betrachtet. Die Ermittlung der für den Wärmestrom entscheidenden mittleren Temperaturdifferenz kann über Diagramme oder mittels der nachstehenden Gleichung erfolgen [vgl. 73, S. 219]:

$$\dot{Q} = k\,A\,\Delta\theta.$$

Dabei ist k der Wärmedurchgangskoeffizient [W/m² K], A die Übertragungsfläche [m²] und $\Delta\theta$ die mittlere Temperaturdifferenz oder auch mittlere logarithmische Temperaturdifferenz [K]. Diese ergibt sich aus der Temperaturdifferenz der beiden Medien beim Eingang in den Wärmetauscher (T_1 und T_2). Bei Gleichstrom- Wärmetauschern strömen beide Medien in die gleiche Richtung, während beim Gegenstromprinzip die Fluide in entgegengesetzter Richtung aneinander „vorbeiströmen" [vgl. 73, S. 218 ff.].

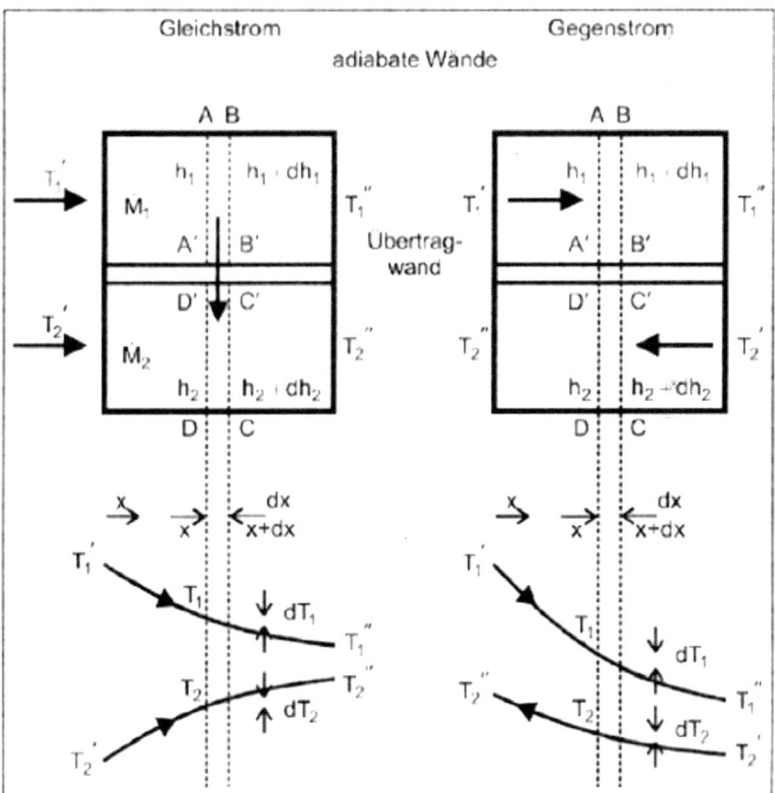

Abbildung 86: Schema für einen mit Gleichstrom und einen mit Gegenstrom betriebenen Wärmetauscher [64, S. 141]

So ergibt sich folgende Gleichung für die mittlere Temperaturdifferenz:

$$\Delta\theta = \begin{cases} \dfrac{|T'_1 - T'_2| - |T''_1 - T''_2|}{\ln\left(\dfrac{T'_1 - T'_2}{T''_1 - T''_2}\right)} & \text{für Gleichstrom} \\[2ex] \dfrac{|T'_1 - T''_2| - |T''_1 - T'_2|}{\ln\left(\dfrac{T'_1 - T''_2}{T''_1 - T'_2}\right)} & \text{für Gegenstrom} \end{cases}$$

Für den Wärmeübertragungswirkungsgrad gilt:

$$\varepsilon = \frac{\dot{Q}}{\dot{Q}_{max}} = \frac{T'_1 - T''_1}{T'_1 - T'_2} \; mit \; 0 < \varepsilon < 1$$

[vgl. 64, S. 143 ff.]. Insgesamt wird allerdings deutlich, dass aus dem Gegenstromprinzip in einem Wärmetauscher ein wesentlich effektiverer Wärmeaustausch folgt. Das liegt vor allem an der Temperaturdifferenz. Je größer diese ist, desto höher ist das Bestreben zum Ausgleich dieser. Zwar ist beim Gleichstromprinzip die Temperaturdifferenz anfangs sehr groß, jedoch nimmt diese Differenz stetig ab und strebt gegen 0 für sehr lange Leitungen bzw. große x. Die Ortskoordinate x zeigt in obiger Abbildung die Länge des Wärmetauschers an. Hingegen beim Gegenstromprinzip die Temperaturdifferenz weitgehend konstant bleibt.

In der Literatur existieren ausführliche Betrachtungen zum Wärmetauscher mit bestimmten Bedingungen, wie die Vermischung der Fluide. Darauf wird in diesem Überblick nicht weiter eingegangen [vgl. 73, S. 221 ff.]. Stattdessen soll auf die bei der Technologie der Lüftung mit Wärmerückgewinnung etablierten Bauarten eingegangen werden: zum einen der Luft- Luft- Wärmetauscher, zum anderen der Erd- Luft- Wärmetauscher.

5.2.2.1.1. Luft- Luft- Wärmetauscher

Moderne, energiesparende Gebäude greifen wegen ihrer luftdichten Bauweise auf bspw. Luft- Luft- Wärmetauscher für eine kontrollierte Raumlüftung zurück. Dies hat den Vorteil, dass die in das System eingebrachte Energie, die von der Luft aufgenommen wurde, nicht verloren geht, sondern an die Frischluft abgegeben wird. Es erfolgt eine sogenannte Wärmerückgewinnung. Der Wirkungsgrad eines solchen Systems kann Werte von bis zu 0,99 erreichen. Dabei wird außerhalb des Gebäudes an einer zentralen Stelle Frischluft angesaugt und über Kanäle in die Räume geführt. Gleichzeitig wird in Räumen, in denen viel Feuchtigkeit oder Luft mit hohem Kohlenstoffdioxidanteil entsteht, diese abgesaugt. Die warme Luft wird über Leitungen nach außen befördert. Für die Wärmerückgewinnung werden die warme Abluft und die frische Zuluft über einen

Wärmetauscher geführt. Mittels eines Gegenstromprinzips werden die höchsten Wärmeübertragungen wegen der konstant gehaltenen Temperaturdifferenz zwischen Zu- und Abluftstrom erreicht. So wird die Frischluft erwärmt und die Heizleistung, um die Luft in den Räumen auf die gewünschte Temperatur zu bringen, ist nicht mehr so hoch. Gleichzeitig wird die Abluft abgekühlt und an die Umgebung abgegeben. Das Ansaugsystem sollte einen gewissen Abstand vom Ablasssystem aufweisen, um eine negative Beeinflussung des Wirkungsgrades und der Raumluftqualität zu verhindern. Die Luftströme werden durch zwei separate, kleine Motoren aufrechterhalten, sodass ein Volumenstrom zwischen 50 m³ h^{-1} bis 250 m³ h^{-1} für den nötigen Luftaustausch in den Wohnräumen sorgt. Der Zuluftmotor besitzt die Besonderheit, dass seine Motorabwärme fast vollständig an die Zuluft abgegeben wird. So wird die Frischluft nicht nur durch den Wärmetauscher aufgrund der Abluft sondern auch durch den elektrischen Betrieb des Motors erwärmt. Damit können sich Energieeinsparungen von bis zu 85% erreichen lassen [vgl. 45, S. 20 ff.]:

Monat (30 d)	mittlere Temperatur	Fensterlüftung: Verlust in kWh	Kontrollierte Lüftung: Einsparung	
			in kWh	in %
Okt. 2002	8.8°C	330	238	72
Nov. 2002	6.2°C	407	310	76
Dez. 2002	1.5°C	545	441	81
Jan. 2003	-0.4°C	601	493	82
Feb. 2003	-1.9°C	646	535	83
März 2003	5.9°C	416	319	77

Tabelle 4: Monatliche Energieeinsparung bei kontrollierter Lüftung im Vergleich zur manuellen Lüftung (Heizperiode 2002 / 2003) [vgl. 45, S. 27]

Nicht nur das Energiesparen selbst steht dabei im Vordergrund, sondern auch die Möglichkeit, einen konstanten Kohlenstoffdioxid- und Sauerstoffgehalt der Luft zu gewährleisten. Weiterhin können eventuell auftretende Schadstoffe und die Gefahren einer hohen Luftfeuchtigkeit, wie Schimmelbildung, weitestgehend umgangen werden [vgl. 45, S. 20 ff.] Die Wirkungsweise wird in der folgenden Abbildung veranschaulicht:

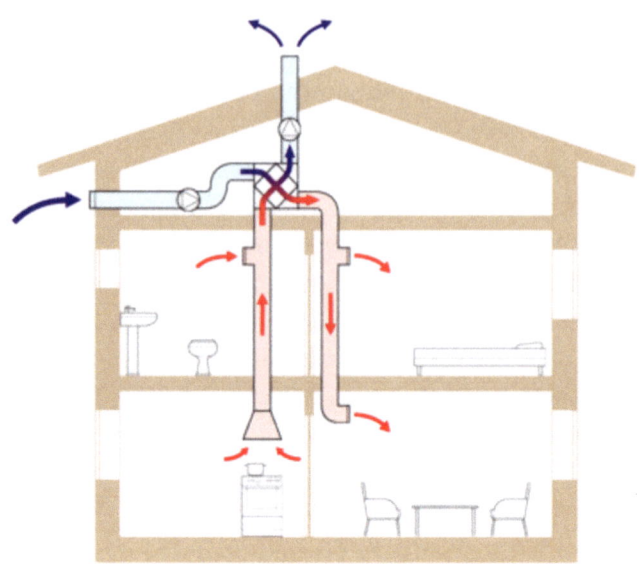

Abbildung 87: Schema der Wirkungsweise eines Luft- Luft- Wärmetauschers: die kalte Zuluft wird mit Hilfe der Abluft auf bis zu 95% der Raumtemperatur vorgeheizt [93]

5.2.2.1.2. Erd– Luft- Wärmetauscher

Ein Erd- Luft- Wärmetauscher nutzt, ähnlich wie die Flächenkollektoren bei den Wärmepumpen mit Energiequelle im Erdreich, die Oberflächentemperatur des Erdreichs bis zu einer Tiefe von 6 m [vgl. 92, S. 86].

Bei einem Erd-Luft-Wärmetauscher werden Rohre in frostfreier Tiefe (mind. 1- 2 m) verlegt. Diese weisen einen Durchmesser von 150 mm bis 200 mm und eine Länge von 30 bis 40 m auf [106, S. 28 f.]. Das Prinzip eines Erd- Luft- Wärmetauschers ist folgender Graphik zu entnehmen:

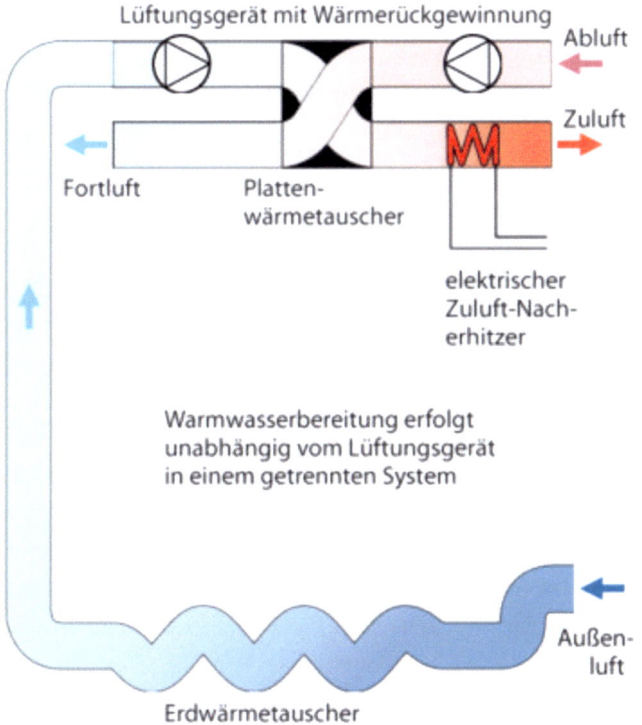

Abbildung 88: Das Wirkungsprinzip eines Erd- Luft- Wärmetauschers [93]

Ab einer Bodentiefe von 2 – 3 Metern variiert die Temperatur in den Breiten Deutschlands von 7 bis 12 °C. Dies lässt sich im Winter zum Vorwärmen und im Sommer zum Kühlen verwenden [92, S. 86 f.]. Durch zusätzliche Nutzung der Wärme der Abluft wird die Wärmeaufnahme der Zuluft weiter verbessert.

6. Fachdidaktische Aspekte dieser Thematik

Die Übertragung dieser Thematik auf ein Unterrichtskonzept bietet m. E. einen Anknüpfungspunkt, der für mich als angehende Lehrperson von besonderem Interesse ist. Der Chemieunterricht bzw. der naturwissenschaftliche Unterricht im Allgemeinen soll überwiegend von der Erfahrungswelt der Schüler ausgehen. In den einzelnen Rahmenplänen der Bundesländer findet man solche Vermerke öfters [vgl. 111, S. 6 f.]. Physikalisch- chemische Inhalte sind in dem Bereich „Chemisches Gleichgewicht" und, je nachdem, welchen Rahmenplan man nutzt, im Bereich der „Elektrochemie" / „Energetik" / „Thermodynamik" zu finden. Das ideale Ergebnis des Unterrichts, indem die physikalische Chemie behandelt wird, ist, die Schülerinnen und Schüler zu befähigen, Erscheinungen aus dem Alltag und der Industrie mit Mitteln der physikalischen Chemie zu deuten [72, S. 38]. Der Chemieunterricht soll Ihnen dafür ein Verständnis von chemischen Prozessen in der Natur, der Technik, der Umwelt und Alltag vermitteln [vgl. 109, S. 194]. In der Sekundarstufe I ist neben der Stoffveränderung und Teilchenumordnungen die Energieumwandlung ein zentrales Merkmal von chemischen Reaktionen. Im Rahmen der Behandlung der chemischen Energetik im Unterricht, insbesondere in der gymnasialen Oberstufe, sind zwei Aspekte von zentraler Bedeutung: einerseits die energetische Größe der freien Reaktionsenthalpie G, die über die Richtung einer Reaktion bestimmt, andererseits die Bedeutung des Begriffes "Energie" für die Natur, die Umwelt und die Technik herauszustellen [vgl. 77, S.414]. Für weitere Überlegungen sollen die wesentlichen Inhalte, die in der Sekundarstufe II erarbeitet werden sollten, herangezogen werden:

- Energieumsätze bei chemischen Reaktionen, exo- und endotherme Reaktionen
- thermodynamische Systeme
- innere Energie
- Reaktions- und Bildungsenthalpie, Satz von Hess
- Entropie und freie Reaktionsenthalpie, Gibbs- Helmholtzsgleichung
- erster und zweiter Hauptsatz der Thermodynamik
- Bindungsmodelle, Modellvorstellung der chemischen Bindung
- Katalyse und Aktivierungsenergie
- thermische Energie, die Zustandsgröße Energie und Prozessgröße Wärme

[vgl. 111, S. 18 ff.]. Eher selten wird explizit auf die Mesomerieenergie [vgl. 110], den nullten und den dritten Hauptsatz der Thermodynamik verwiesen. Dabei existieren bereits verschiedene Konzepte zur Erarbeitung dieser Thematik, wie unter anderem im Rahmenplan der Bundesländer Mecklenburg- Vorpommern, Berlin und Brandenburg [vgl. 159] nachzulesen ist.

Insgesamt wird ersichtlich, dass die Energie eine besondere Stellung in der Chemie einnimmt. Dabei soll deutlich werden, dass Energie keine Größe ist, deren Bedeutung beliebig verändert werden kann, sondern eine wohldefinierte physikalische Größe, die in vielen Gesetzen für die Natur und die Technik zum Ausdruck kommt [vgl. 104, S. 1]. Zusätzlich soll innerhalb des Unterrichts auf die Begriffe der Energieeffizienz und des Energiesparens eingegangen werden. Die Begriffe Energieeffizienz und Energiesparen sind nämlich Begriffe, die oft im Zusammenhang mit Lösungsmöglichkeiten für das zukünftige Energieversorgungsproblem genannt werden. Doch kaum einer hat eine Vorstellung davon, auf welche Technologien dafür zurückgegriffen werden muss und wie diese funktionieren [vgl. 104, S. 264]. Abgesehen von dem Verständnis dieser Begriffe, die mehr oder weniger intuitiv klar erscheinen, hat sich der fast an „Utopie" grenzende Begriff von der Nutzung einer alternativen/ regenerativen Energiequelle über die letzten 30 bis 40 Jahre zu einem der bedeutsamsten wirtschaftlichen Wachstumsfeldern entwickelt [vgl. 97, S. 7]. Auch hier zeigt sich, dass es begründet ist, diese Thematik zu vertiefen, gar in den Unterricht mit einzubinden, um dann auch eine gewisse Berufsorientierung aufzeigen zu können.

Der Bezug zur Lebenswelt wird durch einen geeigneten Kontext geschaffen. Auch hier bieten die Rahmenpläne eine Orientierung, wie zum Beispiel globale Energiebetrachtung [111, S.19], nachhaltiger Umgang mit Stoffen und Energie [111, S. 19], globale Gleichgewichte und Klimawandel [112, S. 7], Prinzipien nachhaltiger Chemie [112, S. 7], Nachhaltigkeit und Umweltchemie [113, S. 16], fossile Energieträger, Umweltprobleme bei Kernenergienutzung und Wärmekraftwerken [114, S. 48], Konzepte zukünftiger Nutzenergieversorgung: Alternativen zu den fossilen Energieträgern, Möglichkeiten der Einsparung von Energie [114, S. 48], Werkstoffe im Haushalt [121, S. 47], Halbleitertechnik und Solarzellen [121, S. 48]. In vielen dieser vorgeschlagenen Kontexte könnte man den Begriff des Energiesparens erarbeiten. Um allerdings eine Verbindung zur Lebenswelt der Schülerinnen und Schüler herzustellen, ist es ratsam, von den Energiesparmöglichkeiten auszugehen, die im direkten Erfahrungsbereich des Lernenden liegen. Dies zielt auf die Thematisierung der Energiesparmaßnahmen im Haushalt, in Gebäuden bzw. in Schulen und im Verkehr ab. Dabei geht es um das Sparen von elektrischer Energie, der Heizenergie und von Treibstoff [vgl. 5, S. 4].

Für die Thematik des Energiesparens sind auch andere Fachbereiche von Bedeutung. Dies ist anhand nachstehender Abbildung visualisiert:

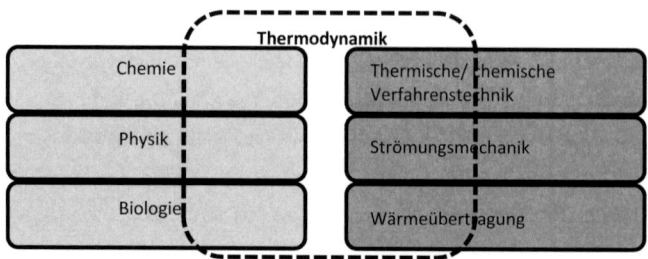

Abbildung 89: Das Fachgebiet Thermodynamik und seine Tragweite in den naturwissenschaftlichen (hellgrau) und ingenieurwissenschaftlichen (dunkelgrau) Fächern [vgl. 160, S. 19].

Themengebiete wie Nachhaltigkeit verbinden die naturwissenschaftlichen Fächer miteinander. Bei der Raumwärme handelt es sich um Niedertemperaturwärme. Diese kann aus Solarenergie, Geoenergie und Umgebungswärme umgewandelt bzw. gewonnen werden [vgl. 104, S. 267]. So können der Kontext des Wohnhauses und die Thematik des Energiesparens als Zusammenhang zwischen den naturwissenschaftlichen Fächern, der Lebenswelt, der Technik und der Gesellschaft fungieren.

Im Sinne eines interdisziplinären Unterrichts ergeben sich bei der physikalischen Chemie vielfältige Möglichkeiten: So sind bei den dynamsichen chemischen Gleichgewichten und der Energieentwicklung Beziehungen zur Biologie und zur Technik, damit also auch zur Physik, gegeben [vgl. 121, S. 44]. Denn im Physikunterricht ist der Begriff der Energie in jedem Schuljahr in den Rahmenplänen aufgrund des Bezugs zur Lebenswelt der Lernenden verankert [vgl. 79, S. 7]. Sogar Energiesparhäuser sind geeignete Themen, um Inhalte der Wärmelehre zu erarbeiten [vgl. 143]. Die Behandlung der Solarthermie und auch der Geothermie werden oft in fachdidaktischer Literatur zum Physikunterricht thematisiert [vgl. 85, 2-3]. Auch die Examensarbeit von Hanna Maier [vgl. 71] beschäftigt sich damit. Bezüglich der Energiesparmaßnahmen lassen sich sowohl der Physikunterricht als auch der Chemieunterricht hervorragend miteinander verbinden. Fächerübergreifender Unterricht ist wünschenswert und von besonderer Bedeutung und gerade diese Thematik bietet Anlass dazu. Dies erfordert allerdings eine genaue Absprache über gemeinsame Konzepte und Sprechweisen der Lehrkräfte, und damit einen (erheblichen) Mehraufwand [vgl. 79, S. 7].

Es stellt sich die Frage, ob diese Thematik bzw. dieser hier vorgestellte Kontext der Thermodynamik rund um ein Wohnhaus sich in den Rahmenplänen wiederspiegelt oder angewendet werden könnte.

Das Themengebiet der Wärmepumpe wurde m. E. bislang nicht bei den Fachzeitschriften der Fachdidaktik Chemie wie „Praxis der Naturwissenschaften – Chemie im Unterricht", „Chemkon – Chemie konkret" und „Naturwissenschaften im Unterricht Chemie" aufgegriffen. Hingegen haben sich einige Fachdidaktiker der Physik damit beschäftigt. Oftmals wurde allerdings vermerkt, dass diese Thematik sich in fächerübergreifendem Unterricht behandeln lässt [bspw. 124, S. 50]. Es stellt sich bei Betrachtung dieser Thematik heraus, dass die Wärmepumpen und Kältemaschinen einen starken Alltagsbezug herstellen. Die Behandlung dieser im naturwissenschaftlichen Unterricht stellt eine Möglichkeit dar, physikalische Sachverhalte aus Sicht der Chemie und der Physik mit Aspekten der Umwelterziehung miteinander in geeigneter Weise zu verknüpfen [vgl. 50, S. 34]. Weil diese Thematik aber nicht in den Rahmenplänen zum Chemieunterricht vermerkt ist, sollten technische Details gegenüber der prinzipiellen physikalischen/ physikochemischen/chemischen Wirkungsweise in den Hintergrund treten [50, S. 35].

Im Hinblick auf einem spiralcurricularen Unterrichtsverfahren kann mittels dieser Thematik der sichere Umgang mit Aggregatzuständen und Aggregatzustandsänderungen gefestigt werden. Denn das Wissen über die Aggregatzustände weist eine große Bedeutung für das Leben, für die Natur und für die Technik auf [vgl. 51, S. 16]. Dabei soll deutlich werden, dass für den Schmelz-, Erwärmungs- und für den Verdampfungsvorgang Energie aufgewendet werden muss, hingegen beim Kondensieren, Abkühlen und Erstarren Energie abgegeben wird. Dies kann durch eine Auswahl geeigneter Versuche leicht gezeigt bzw. erarbeitet werden. Für die einzelnen Teilprozesse wurden bereits mögliche Schülerversuche publiziert [vgl. 18, S. 362]. Im Internet findet man außerdem eine Möglichkeit eine Wärmepumpe mit einem Kompressor aufzubauen [vgl. 95].

Im Physikunterricht der Sekundarstufe I werden häufig die Verbrennungsmotoren thematisiert. Der Chemieunterricht kann dann die „Umkehrung" aufgreifen und Wärmepumpen betrachten. Zudem verlieren die Verbrennungsmotoren wegen der aufkommenden Technologien und der guten Erarbeitungsmöglichkeit gewinnen die Wärmepumpen eine zunehmende Bedeutung für den naturwissenschaftlichen Unterricht. Hier zeigt sich inbesondere die interdisziplinäre Verknüpfung naturwissenschaftlicher Unterrichtsfächer [vgl. ebd.].

Eine weitere Begründung stellt die zunehmende wirtschaftliche und politische Bedeutung dar. Die angestrebten regenerativen Energien bzw. Technologien zur Gewinnung von Energie aus alternativen Energiequellen gehören zum wünschenwerten Wissen der Bevölkerung [vgl. ebd.].

Die Betrachtung der Wärmepumpe kann zu einem tieferen Verständnis des ersten und zweiten Hauptsatzes der Thermodynamik und der Aggregatzustände sowie deren Änderungen führen. Im Zusammenhang mit den Arbeitsmedien, die FCKW- frei sein sollen, können die Treibhausgase und die damit verbundene Umweltproblematik thematisiert werden [vgl. ebd.].

Insgesamt dürfte diese Thematik im Rahmen der Oberstufe durch den Vorarbeit der naturwissenschaftlichen Fächer keine Probleme bereiten. In der Mittelstufe kann es dagegen zu Schwierigkeiten kommen, wobei jedoch mindestens die phänomenologische Erklärung der Vorgänge erarbeitet werden kann [vgl. 18, S. 362].

Es zeigt sich, dass im Sinne des Gesamtkonzeptes Energie beim Heizen von Gebäuden und Wohnungen gespart werden kann [vgl. 156, S. 41]. So gliedert sich diese Thematik folgerichtig in das Gesamtkonzept des Energiesparens und Nachhaltigkeit ein. Wichtig dabei ist, eine geeignete Motivation zu schaffen, so werden die Lernenden aufmerksamer, wenn sie sich für eine bestimmte Thematik interessieren und den Bezug zur Lebenswelt klar erkennen oder durch ein hervorgehobenes Problem oder einen scheinbaren Widerspruch mit der eigenen Vorstellung vorgibt. So stellt sich eine Art geistigen Ungleichgewichts ein, wenn der Schüler den Energieerhaltungssatz kennt und das Prinzip der Wärmepumpe erarbeitet, da, wie bereits erwähnt, eine Wärmepumpe auf den ersten Blick mehr Energie abgibt als hineingesteckt wurde. Ein deutlich stärkeres Ungleichgewicht geht aus dem Heizen mit Eis hervor. Hierbei lassen sich die wesentlichen Punkte der Wirkungsweise der Wärmepumpen und daran anschließend andere nutzbare Energiequellen herausarbeiten.

Die Wärmespeicherung stellt ein gleichermaßen aktuelles Thema dar. In Hinblick auf den in diesem Buch betrachteten Kontext und der in den Alltag Einzug gehaltenen Energiediskussion sind Wärmespeichersysteme eng mit dem Chemieunterricht verbunden. Dabei wird das Basiskonzept der Energie bei chemischen Reaktionen aufgegriffen. Auch andere Basiskonzepte können damit angesprochen werden. So kann abhängig von der Unterrichtsführung das Basiskonzept energetische Betrachtungen bei Stoffumwandlungen im Kompetenzbereich Fachwissen angesprochen werden, wenn die spontane Kristallisation und das Austreiben des Wassers im Salzhydrat betrachtet wird. Die Gitterenergie könnte auch quantitativ bestimmt werden, dann wird der Kompetenzbereich Erkenntnisgewinnung angesprochen. Die in der praktischen Anwendung und in der Technik aufgenommenen Wärmespeichersysteme sind für die Lernenden leicht zugänglich, weil die Speichervorgänge gut über Demonstrations- aber auch Schülerversuche realisierbar sind. Diese Experimente nehmen auch zumeist nur wenig Zeit in Anspruch. Die dafür verwendeten Speichermaterialien sind meistens ungefährlich und leicht zu beschaffen [vgl. 132, S. 5]. So finden sich zu jeder in diesem Buch betrachteten Wärmespeicherungsmöglichkeit zahlreiche Versuche. Es können zum Beispiel Kupfersulfat- Pentahydrat als chemischer Wärmespeicher [vgl. 131, S. 16], Natriumacetat- Trihydrat (Knickwärmer) [131, S. 17] und Paraffine als Latentwärmespeicher [145, S. 15], Adsorption an Wolle, Silicagel oder Zeolithen als chemische Wärmespeicher [vgl. 133, S. 37 ff.] für die Erarbeitung von

Wärmespeichern als Versuche fungieren. Aber auch der direkte Bezug zum Kontext ist möglich. So können zum Beispiel bestimmte Prüfkörper hergestellt werden, um die Wirkung der Wärmespeicher auf Wände und Dämmungen zu untersuchen [vgl. 145, S. 14 ff.]. Eine Möglichkeit stellt zum Beispiel die Verwendeung des Micronals® dar. Für den Unterricht können auch mikroverkapselte Paraffine selbst hergestellt werden [vgl. 146, S. 67].

Insgesamt gibt es für die Wärmespeicherung, insbesondere für die Latentwärmespeicherung und die chemische Wärmespeicherung, eine Vielzahl von wissenschaftlichen Aufsätzen in den Zeitschriften „Praxis der Naturwissenschaften – Chemie im Unterricht", „Chemkon – Chemie konkret" und „Naturwissenschaften im Unterricht Chemie", von denen bereits viele im Literaturverzeichnis zu finden sind.

Auch bzgl. der Thematik der Energiespeicherung lässt sich ein fächerübergreifender Unterricht durchführen. So kann die Entwicklung von Wärmespeichermaterialien mit bestimmten Eigenschaften (ungiftig, nicht korrosiv etc.) nachvollzogen werden. Der Bezug zur Lebenswelt und dem Alltag ist mit den im Handel günstig zu erwerbenden Wärmekissen (auch Knickwärmer oder Taschenwärmer genannt) gegeben [vgl. 145, S. 13]. Insgesamt zeigt sich, dass die Wärmespeicherung in den Chemieunterricht integriert werden kann und sich so in das Konzept des Energiesparens und Nachhaltigkeit eingliedert. Gerade durch die vielen Anwendungen ergibt sich eine geeignete Motivation und ein Bezug zur Lebenswelt der Lernenden.

Abschließend wird die Thematik des Energieaustrages erörtert. Auch dieses Thema fand in der Literatur zur Didaktik der Chemie kaum Beachtung. Die Untersuchung der Wärmeleitfähigkeiten und damit verbundenen physikalischen Größen der verschiedenen Stoffe für die Wärmedämmung sind Inhalte des Physikunterrichts. Für den Chemieunterricht ist es dagegen interessant, die Wärmedämmmaterialien in Zusammenhang mit integrierten Wärmespeichern zu untersuchen, wie es oben bereits erwähnt wurde. Dies stellt also eine Anwendung des bei der Energiespeicherung erworbenen Wissens dar. Der Wärmetauscher selbst ist eine Apparatur, der in der Technik und damit auch technischen Chemie oft Anwendung findet. Daher kann dies bspw. an einem Luft- Luft- Wärmetauscher [vgl. 45] erarbeitet werden. Die Gegenüberstellung von dem Gleichstrom- und dem Gegenstromprinzip machen die Wirksamkeit von Wärmetauschern deutlich. Ebenso von Bedeutung für den Unterricht in der Chemie sind die optisch schaltbaren Gläser. Dabei werden Farben, Licht und auch die Lichtabsorption nicht mehr subjektiv beschrieben, sondern vielmehr naturwissenschaftlich erklärt. Neben der Behandlung von thermochromen und photochromen Stoffen bei Farbstoffen, eignet sich deren Bearbeitung auch in dem Kontext dieser Arbeit. Die Elektrochromie und Gasochromie zeigen eine Verbindung der Elektrochemie als Teilgebiet der physikalischen Chemie zur Energetik auf. Die im Anhang aufgelisteten Versuche [vgl. Anhang: A 5] sind für die Gaso-, Elektro-, Thermo- und Photochromie relevant, weisen aber keinen Bezug zu dem Energiesparen auf.

Insgesamt ist ersichtlich, dass das Energiesparen für die Einbeziehung in den Chemieunterricht geeignet ist, bei dem Konzepte und Versuche allerdings noch erarbeitet werden müssten.

7. Fazit und Ausblick

Wie dieses Buch zeigt, sind die Methoden zur Energieeinsparung vielfältig und auf ihre jeweilige Weise effektiv. Im Sinne einer überblickhaften Darstellung konnte nicht jede einzelne Technologie detailliert erläutert werden. Es können aus der Erarbeitung folgenden Schlussfolgerungen gezogen werden:

Die Wärmepumpe stellt sich als geeignete Technologie heraus, die Energie in Form von Wärme in das System zu bringen. Diese Apparaturen stellen eine Alternative zu solarthermischen Anlagen dar. Die Forschungsschwerpunkte liegen hierbei auf der Erhöhung des Wirkungsgrades und das Suchen geeigneter Kältemittel.

Die Wärmespeicherung kann in wirtschaftlicher Hinsicht über kurze Zeiträume über sensible Speicher erfolgen. Die latente Wärmespeicherung etabliert sich zunehmend, dies ist vor allem auf die Fähigkeit der Mikroverkapselung organischer PCMs zurückzuführen. PCMs finden auch Einzug in den Alltag, wie die Anwendungen gezeigt haben. Insbesondere liegt dabei ein Forschungsschwerpunkt auf der Mikroverkapselung der Salzhydrate bzw. deren eutektische Mischungen. Ebenso wie bei der thermochemischen Speicherung sind die verwendeten Substanzen mit relativ hohen Kosten verbunden, sodass nach kostengünstigeren Materialien gesucht wird. Die thermochemische Speicherung ist in vielen Bereichen noch in der Entwicklungsphase, viele Technologien sind noch nicht vollends marktfähig. Dabei wird das Ziel verfolgt, mit möglichst hoher Energiedichte, das heißt viel Energie in kleiner Masse des Mediums, möglichst verlustfrei Energie in Form von Wärme zu speichern.

Die Entwicklung neuer Dämmmaterialien und die Beeinflussung wesentlicher Merkmale, wie die Gefahr eines Brandes bei Styropordämmung durch brandhemmende, integrierte Stoffe stark zu reduzieren, ist ein bedeutsames Thema in der Bauphysik. Ebenso wird versucht, die Effektivität der Lüftungsanlagen zu steigern, ohne dass zum Beispiel der Wärmetauscher größere Ausmaße annimmt. Die Dämmung durch Fenster kann mit Mehrfachverglasung erhöht werden. Außerdem wird der Energieeintrag über die Fenster durch optisch schaltbare Gläser weiter untersucht und weiterentwickelt. Dabei werden auch andere Stoffe analysiert, die kostengünstiger sind, um eine endgültige Etablierung auf dem Markt zu erreichen.

Die Potentiale der Energieeinsparungen sind in der Anwendung, das heißt im Haus selbst, und in der Forschung noch nicht ausgeschöpft. Anknüpfungspunkte für Folgearbeiten stellen spezifische Betrachtungen der hier bearbeiteten Technologien dar.

Dieser Kontext weist aber auch aufgrund seines Alltagsbezugs eine Relevanz für die Schule auf. So kann in Folgearbeiten untersucht werden, ob eine Entwicklung eines neuen

Unterrichtskonzeptes für die Thermodynamik mithilfe dieses Kontextes möglich ist. Dabei sollte herausgearbeitet werden, in wie weit dieses Konzept für den Chemieunterricht sinnvoll ist. Dafür geeignete Versuche können aus der fachdidaktischen Literatur aufgegriffen, erweitert oder entwickelt werden. Die im Anhang (vgl. Anhang: A5) zu findende Auflistung von Versuchen für den naturwissenschaftlichen Unterricht stellt eine Hilfestellung dafür dar.

Insgesamt ergibt sich also ein breites Feld für die weitere Bearbeitung dieser Thematik.

Anhang:

A1: Dampfdruckwerte für Kältemittel im gesättigten Zustand

t/°C	R 600a	R 227	R 134a	R 407C	R 22	R 410A	R 404A	R 290	R 717 (NH_3)	R 23	R 744 (CO_2)
-60										3,14	
-50			0,16	0,44	0,38	0,64	0,51	0,43	0,22	4,83	6,82
-40	0,28	0,32	0,29	0,75	0,65	1,09	0,86	0,70	0,41	7,12	10,05
-30	0,46	0,54	0,51	1,21	1,05	1,76	1,37	1,11	0,72	10,14	14,28
-20	0,72	0,87	0,84	1,88	1,64	2,72	2,10	1,68	1,19	14,03	19,70
-10	1,08	1,33	1,33	2,81	2,46	4,03	3,10	2,44	1,90	18,94	26,49
0	1,57	1,96	2,01	4,05	3,55	5,77	4,43	3,45	2,91	25,04	34,85
10	2,21	2,81	2,93	5,68	4,98	8,04	6,15	4,74	4,29	32,58	45,02
20	3,03	3,90	4,15	7,76	6,80	10,93	8,32	6,36	6,15	41,84	57,29
30	4,06	5,29	5,72	10,36	9,08	14,53	11,02	8,36	8,57		72,14
40	5,32	7,03	7,70	13,56	11,88	18,97	14,33	10,79	11,67		
50	6,86	9,16	10,17	17,45	15,27	24,36	18,33	13,69	15,55		
60	8,69	11,75	13,18	22,10	19,33	30,83	23,13	17,13	20,34		
70	10,87	14,86	16,82	27,63	24,15	38,49	28,86	21,16	26,16		
			21,17	34,12	29,83	47,31		25,86	33,14		

Angaben p in bar (absolut)

Tabelle 5: Dampfdruckwerte für Kältemittel im gesättigten Zustand [154, S. 209]

A2: Kenndaten wichtiger Kältemittel

Kältemittel (ASHRAE-Kurzzeichen)	Einheit	R 22	R 23	R 134a	R 227 (R 227ea)	R 290	R 404A	R 407C	R 410A	R 507 (R 507A)	R 600a	R 717	R 744	R 1234 (R1234yf)
Chemische Formel/ Zusammensetzung		$CHClF_2$	CHF_3	CF_3-CH_2F	CF_3-CHF-CF_3	CH_3-CH_2-CH_3	44 % R 125 52% R 143a 4 % R 134a	25 % R 125 23 % R 32 52 % R 134a	50 % R 125 50 % R 32	50 % R 125 50 % R 143a	CH_3-$CH(CH_3)$-CH_3	NH_3	CO_2	CF_3-CF $=CH_2$
Chemische Bezeichnung		Chlordi- fluormethan	Trifluor- methan	1,1,1,2- Tetra- fluorethan	1,1,1,2,3,3,3- Heptafluor- propan	Propan	nahe-azeo- tropes Gemisch	zeotropes Gemisch	nahe- azeo- tropes Gemisch	azeotropes Gemisch	Iso-Butan	Ammoniak	Kohlen- dioxid	2,3,3,3- Tetrafluor- 1-propen
Stoffklasse		HFCKW	HFKW	HFKW	HFKW	KW	HFKW	HFKW	HFKW	HFKW	KW	anorganisch	anorganisch	HFO
Molmasse	kg/kMol	86,48	70,01	102,03	170,03	44,1	97,6	86,20	72,60	98,86	58,12	17,03	44,01	114,0
Siedepunkt (1,013 bar)	°C	−40,8	−82,0	−26,2	−16,5	−42,05	−46,5 (Gleit 0,8 K)	−43,8 (Gleit 7,1 K)	−51,6 (Gleit 0,1)	−46,7 (Gleit < 0,1 K)	−11,8	−33,45	−78,9 (sublimiert)	−29,4
Erstarrungs- temperatur	°C	−160	−155	−101	−131	−187	−104…−118	< −100	< −100	−118	−160	−80	−56,6	n.v.
Kritische Temperatur	°C	96,2	26,3	101,15	101,78	96,65	72,07	86,41	71,8	70,9	134,95	132,3	30,98	95
Kritischer Druck	bar abs.	49,9	48,7	40,64	29,3	42,4	37,32	46,15	48,9	37,94	36,5	113,0	73,78	n.v.
Kritische Dichte	kg/m3	0,513	0,527	0,508	0,582	0,217	0,485	0,507	0,487	0,500	0,221	0,235	0,468	n.v.
Verdampfungs- wärme (Siedepunkt)	kJ/kg	234,7	240,8	215,5	131,8	425,9	208,9	246	274,5	200,1	368	1369		n.v.
Dichte der Flüssigkeit (25 °C)	g/cm3	1,194	0,968	1,207	1,394	0,489	1,045	1,142	1,068	1,035	0,551	0,602	0,711	1,094
Dampfdruck (25 °C)	bar (abs.)	10,41	47,24	6,65	4,56	9,55	12,55	11,86	16,64	12,68	3,54	7,80	64,34	6,77
Zündgrenzen (Luft)	Vol.-%	keine	keine	keine	keine	2,1–9,3	keine	keine	keine	keine	1,7–10,9	15,4–33,6	keine	6,2 – 12,3
Sicherheitsgruppe nach DIN EN 378-1		A1	A1	A1	A1	A3	A1	A1	A1	A1	A3	B2	A1	A2 (A2L)
Praktischer Grenz- wert nach DIN EN 378-1	kg/m3	0,3	0,68	0,25	0,59	0,008	0,52	0,31	0,44	0,53	0,011	0,00035	0,1	0,06
Ozonabbaupotenzial (ODP)	R 11 = 1,0	0,055	0	0	0	0	0	0	0	0	0	0	0	0
Treibhauspotenzial (HGWP)	R 11 = 1,0	0,36	8	0,3	0,7	0,002	0,82	0,35	0,82	0,83	0,002	0	0,001	0,003
Treibhauspotenzial (GWP 100)	CO_2 = 1 (100 a)	1700	12000	1300	3500	3	3780	1650	1980	3850	3	0	1	4

Tabelle 6: Übersicht physikalischer Kennwerte ausgewählter Kältemittel [154, S. 210]

A3: Physikalische Größen ausgewählter Stoffe

Stoff	ϱ $\frac{kg}{m^3}$	c $\frac{J}{kg\,K}$	λ $\frac{W}{m\,K}$	a $10^{-6}\frac{m^2}{s}$	b $10^3\frac{W\,s^{1/2}}{K\,m^2}$
Metalle					
Aluminium, 99%	2700	897	203	83,8	22,1
Chromnickelstahl	7900	477	14,5	3,85	7,4
Schmiedeeisen	7800	460	58	16,2	14,4
Gußeisen (3% C)	7280	536	56 – 64	14,3 – 16,4	15,1 – 15,8
Gold	19290	129,5	311	125	50
Kupfer techn.	8300	418,6	372	107	36
Messing	8600	381	81 – 116	25 – 35	16,3 – 19,4
Platin	21400	133	70,4	252	23,9
Silber	10500	234	418	170	32
Steine					
Kalkstein	2650	840	2,2	0,99	2,21
Sandstein	2150 – 2300	710	1,63 – 2,1	0,98 – 1,4	1,58 – 1,85
Porzellan	2290	800	1,05 – 1,28	0,57 – 0,7	1,4 – 1,53
Schamottestein	1700 – 2000	840	0,46 – 1,16	0,24 – 0,81	0,81 – 1,39
Verputz	1690	840	0,79	0,48	1,06
Ziegelstein, tr.	1600 – 1800	840	0,38 – 0,52	0,24 – 0,39	0,72 – 0,89
Anorg. Stoffe					
Asbestplatten	2000	800	0,7	0,44	1,06
Asphalt	2120	920	0,7	0,36	1,17
Beton, trocken	2100	880	1,1	0,59	1,4
Fensterglas	2400	816	1,16	0,59	0,48
Glaswolle	50	660	0,037	1,12	0,035
Quarzglas	2210	730	1,36	0,84	1,48
Organ. Stoffe					
Hartgummi	1200	1420	0,157	0,092	0,51
Kork	275	2030	0,051	0,091	0,07
Leder	1000	1500	0,16	0,107	0,49
Papier	700	1200	0,14	0,17	0,34

Tabelle 7: Übersicht physikalischer Kennwerte ausgewählter Stoffe [25, S. 7]

A4: Kennwerte transparenter Wärmedämmmaterialien

Material	Dicke [cm]	g$_{a r}$	k$_{10}$°C [Wm^{-2}K^{-1}]
Zweifachverglasung			
normal	0.4 + 1.6 + 0.4	0.69	2.8 – 3.0
eisenarm	0.4 + 1.6 + 0.4	0.76	2.8 – 3.0
Wärmeschutzglas	0.4 + 1.6 + 0.4	0.55	1.3 – 1.4
PMMA-Schaum			
IMC Typ <C> ca. 5 mm Poren	1.6 + 0.4	0.52	2.12
"	3.2 + 0.4	0.40	1.38
"	4.8 + 0.4	0.28	1.07
Kapillarstruktur			
OKALUX Okasolar (PC)	4.0 + 0.4	0.57	1.33
"	6.0 + 0.4	0.56	1.01
"	7.7 + 0.4	0.55	0.83
"	9.6 + 0.4	0.53	0.70
OKALUX Kapillaren PC (3 mm)	10.0 + 0.4	0.61	0.80
OKALUX Kapillaren PMMA 7N (3 mm)	10.0 + 0.40	0.62	0.83
OKALUX Kapillaren PMMA HW (3 mm)	9.8 + 0.4	0.62	0.77
Wabenstrukturen			
AREL (PC)	5.0 + 0.4	0.76	1.39
"	10.0 + 0.4	0.71	0.91
KAISER (PC)	10.0 + 0.4	0.71	0.83
Aerogelfenster			
BASF Granulat zw. Glas	1.0 + 2*0.4	0.55	1.50
"	2.0 + 2*0.4	0.45	0.86
"	3.0 + 2*0.4	0.37	0.60
"	4.0 + 2*0.4	0.32	0.46
AIRGLASS monolithisch	2.0 + 2*0.4	0.57	0.82

Bemerkungen:
g$_{ar}$: Gesamtenergiedurchlaßgrad für diffuse Einstrahlung
k$_{10}$°C: Wärmedurchgangskoeffizient bei 10°C
PC: Polycarbonat
PMMA: Polymethylmethacrylat

Tabelle 8: Übersicht physikalischer Kennwerte ausgewählter Wärmedämmmaterialien [68, S. 60]

A5: Auflistung von Versuchen für den naturwissenschaftlichen Unterricht

Das Experiment stellt für den naturwissenschaftlichen Unterricht eine enorm wichtige Methode dar. Jeder Versuch soll dabei zur Erkenntnisgeinnung beitragen. Der Zweck bestimmt den Einsatz im Unterricht. So gelangt man zu folgender Systematisierung von Experimenten [vgl. 72, S. 42 f.].

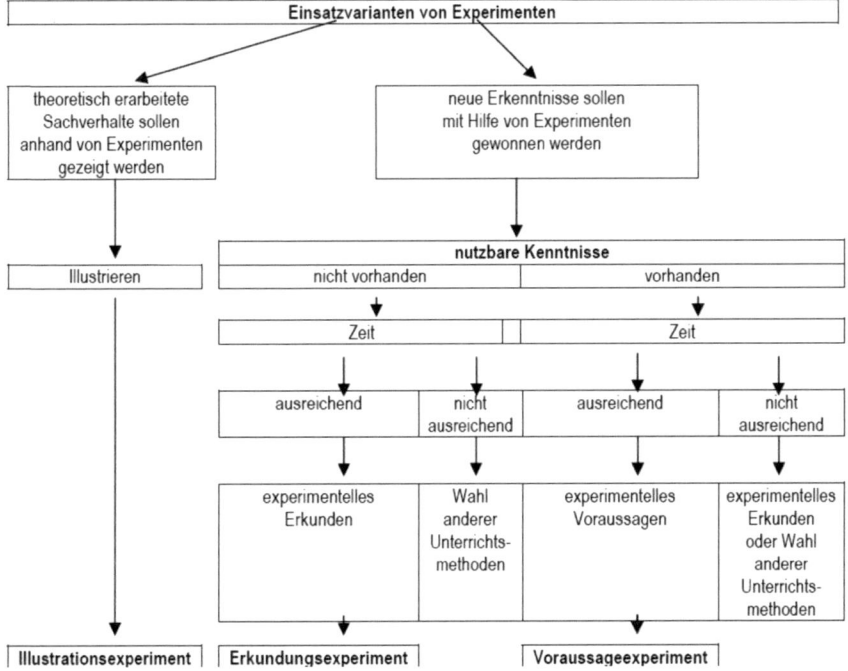

Abbildung 90: Methodische Einsatzvarianten und Einsatzvoraussetzungen von Schülerexperimenten im Unterricht [72, S. 44].

Im Folgenden werden einige Experimente aufgelistet, die im Bezug zu den angesprochenen Thematiken stehen:

Bezeichnung	Fachrichtung	Quelle(n)
Einige mögliche Versuche zum Energieeintrag		
Bezug zur Wärmepumpe		
Wärmepumpe mit Kompressor	Physik	95
Adiabatische Kompression mit Fahrradluftpumpe	Physik	18, S. 362, 50, S. 37 und 71 im Anhang
Isotherme Kondensation mit Wasser	Physik	18, S. 362, 50, S. 37 und 71 im Anhang
Adiabatische Expansion mit Sauerstoff-Druckflasche, Kohlenstoffdioxiddruckflasche	Physik	18, S. 362, 50, S. 37 und 71 im Anhang
Isotherme Verdampfung mittels Parfüm oder Alkohol	Physik	18, S. 362, 50, S. 36 und 71 im Anhang
Kondensation durch Druckerhöhung	Physik	124, S. 51
Nigerianischer Kühltopf	Physik	124, S. 51
Sieden bei niedrigen Temperaturen	Physik	124, S. 51
Temperaturverlauf beim Schmelzen von Eis	Physik	51, S. 19
Erstarren von Eis bei reduziertem Druck	Chemie	70, S. 13
Einige mögliche Versuche zur Energiespeicherung		
Bezug zu den Latentwärmespeichermaterialien		
Natriumacetat- Trihydrat als Latentwärmespeicher	Chemie	131, S. 17 f., 54, S. 83 f.
Natriumsulfat- Decahydrat als Latentwärmespeicher	Chemie	131, S. 18
Spontane Kristallisation von Natriumacetat-Trihydrat	Chemie	134, S. 32 ff.
Quantitative Bestimmung der Latentwärme von Natriumthiosulfat- Pentahydrat	Chemie	134, S. 33 ff.
Aufnahme des Kristallisationsvorgangs eines Knickwärmers (Natriumacetat- Trihydrat) mit einer Wärmebildkamera	Physik	139, S. 28 f.

Bezeichnung	Fachrichtung	Quelle(n)
Einige mögliche Versuche zur Energiespeicherung		
Fortsezung: Bezug zu den Latentwärmespeichermaterialien		
Temperaturveränderung eines Knickwärmers (Natriumacetat- Trihydrat) bei Kristallisation mit der Zeit	Physik	139, S. 29
Energieabgabe eines Knickwärmers (Natriumacetat- Trihydrat) bei der Kristallisation	Physik	139, S. 29
Herstellung von Gipsprüfkörpern unter Zusatz von Micronal®	Chemie	145, S. 14
Prüfkörper aus Gipskartonplatten mit und ohne Latentwärmespeicher	Chemie	145, S. 14
Herstellung von Prüfkörpern aus Gießharz mit und ohne Latentwärmespeicher	Chemie	145, S. 14
Messung des Temperaturverlaufs bei Abkühlung unterschiedlicher Prüfkörper	Chemie	145, S. 15
Herstellung mikroverkapselter Paraffine	Chemie	146, S. 67
Herstellung von Prüfkörpern unter Zusatz von mikroverkapseltem Paraffin	Chemie	146, S. 68
Messung des Temperaturverlaufs bei Abkühlung unterschiedlicher Prüfkörper	Chemie	146, S. 68
Bestimmung der Erstarrungswärme eines eutektischen Gemisches	Chemie	54, S. 82 f.
Bestimmung der Erstarrungswärme von Wärmeparaffinen	Chemie	54, S. 84
Verkapselung durch Grenzflächenpolykondensation	Chemie	53, S. 20 ff.
Verkapselung von Sulfanilamid mit Gelatine	Chemie	53, S. 20 ff.
Verkapselung von Hefe mit Alginat	Chemie	53, S. 20 ff.
Bezug zu chemischen Wärmespeichermaterialien		
Kupfersulfat-Pentahydrat als chemischer Wärmespeicher	Chemie	131, S. 16, 136, S. 23
Magnesiumsulfat- Heptahydrat als chemischer Wärmespeicher	Chemie	131, S. 17

Bezeichnung	Fachrichtung	Quelle(n)
Einige mögliche Versuche zur Energiespeicherung		
Fortsezung: Bezug zu chemischen Wärmespeichermaterialien		
Adsorption von Wasser an Wolle	Chemie	133, S. 37
Adsorption von Wasser an Silicagel	Chemie	133, S. 37 ff.
Calciumchlorid- Hexahydrat als chemischer Wärmespeicher	Chemie	135, S. 24, 136, S. 21
Aluminiumsulfat- Octadecahydrat als chemischer Wärmespeicher	Chemie	136, S. 22
Trinatriumphosphat- Dodecahydrat als chemischer Wärmespeicher	Chemie	136, S. 22 f.
Trikaliumphosphat- Trihydrat als chemischer Wärmespeicher	Chemie	136, S. 23
Bestimmung der Hydratationsenthalpie verschiedener wasserfreier Salze	Chemie	66, S. 10 f.
Aktivierung von Zeolithen der Porenweite 0,4 nm	Chemie	70, S. 13
Adsoprtion von Wasser an Zeolithen	Chemie	70, S. 13, 133, S. 38 ff.
Adsoprtion von Wasser an Zeolithen mit computergestützter Temperaturmessung	Chemie	70, S. 13
Reaktion von Calciumhydrid und Wasser	Chemie	105, S. 47
Temperaturerhöhung bei der Bildung von Salzhydraten	Chemie	66, S. 8 f.
Bestimmung der Wärmekapazität des Kalorimeters	Chemie	66, S. 9
Einige mögliche Versuche zum Energieaustrag		
Bezug zur Wärmedämmung		
Untersuchung der Wärmedämmung verschiedener Stoffe	Physik	16, S. 14 f., 17, S. 24 f., 17, S. 22 f., 8, S. 24 f., 80, S. 34 ff., 60, S. 14 und 9, S. 21 ff.

Bezeichnung	Fachrichtung	Quelle(n)
Einige mögliche Versuche zum Energieaustrag		
Fortsezung: Bezug zur Wärmedämmung		
Einfluss der Oberflächenbeschaffenheit auf die Abstrahlung der Wärmeenergie	Physik	16, S. 15
Abstrahlung von Wärmeenergie beim Thermohaus	Physik	16, S. 15 f.
Bestimmung von k- Werten und Wärmeleitfähigkeiten	Physik	16, S. 16 f.
Temperaturverlauf in einer Wand aus verschiedenen Materialschichten	Physik	16, S. 17
Qualitativer Vergleich verschiedener Dämmmaterialien in einem Versuchshaus	Physik	17, S. 23 f.
Temperaturverlauf über einer Wand	Physik	17, S. 24
Verhalten des Thermohauses bei Sonneneinstrahlung	Physik	17, S. 25
Heizleistung und Innentemperatur eines Modellhauses	Physik	7, S. 28
Außen- oder Innendämmung	Physik	7, S. 30
Messung von k- Werten einfacher Modellhäuser	Physik	7, S. 30
Heizleistung in einem Modellhaus mit Fenster	Physik	7, S. 33
Bestimmung von Kompaktheit bestimmter Körper – Oberflächen- Volumen- Verhältnis	Physik	60, S. 13
Wo und wie schnell geht bei einem Gebäude Wärme verloren	Physik	60, S. 14
Sichbarmachung des Temperaturverlaufes in einem Bauteil	Physik	60, S. 15
Heiz- und Abkühlkurven in einem Modellhaus mit wassergefüllten Heizkörper	Physik	9, S. 20 ff.
Bezug zu den optisch schaltbaren Gläsern		
Abscheidung von Berliner Blau an Edelstahl aus einer Berliner Gelb- Lösung	Chemie	96, S. 189
Elektrochromes Schalten von Berliner Blau auf Edelstahl	Chemie	96, S. 189 f.

Bezeichnung	Fachrichtung	Quelle(n)
Einige mögliche Versuche zum Energieaustrag		
Fortsezung: Bezug zu den optisch schaltbaren Gläsern		
Elektrochrome Tinte	Chemie	96, S. 190 f.
Synthese von Spiropyran – Photochemische Versuche	Chemie	152, S. 124 f.
Verschiedene Versuche zur Thermo- und Solvatochromie von Cobalt- und Kupfersalzen	Chemie	65, S. 36 ff.
Verschiedene Versuche zur Thermo- und Solvatochromie von verschiedenen Substanzen, versetzt mit p-BIM	Chemie	65, S. 36 ff.
Herstellung verschiedener Solvatochromer und thermochromer Substanzen	Chemie	65, S. 42 ff.
Thermochromer Effekt mit Bullrich Salz®	Chemie	32, S. 21 f.
Thermochrome Effekte mit Ammoniumchlorid	Chemie	32, S. 22 f.
Thermochromer Effekt mit Ammoniumsulfat	Chemie	32, S. 23
Thermochrome Effekte mit Ammoniumnitrat	Chemie	32, S. 23
Thermochrome Effekte mit Natriumacetat	Chemie	32, S. 23
Thermochrome Effekte mit Trinatriumcitrat	Chemie	32, S. 23 f.
Thermochrome Effekte mit Diaminobutan und Phenolphthalein	Chemie	32, S. 24
Thermochrome Effekte mit 2,2- Bis(4-hydroxiphenyl)- propan und Phenolrot	Chemie	32, S. 24
Deutschlandflagge im Wechsel der Jahreszeiten – Thermochromie von Zinkoxid, Kaliumchromat und Kupfer(I)-Oxid	Chemie	33, S. 186
Photochrome Reaktion von Eisen(III)-oxalat	Chemie	13, S. 29 f.
Bildung von photochemischen Strukturen im System Eisen(III)-oxalat - Kalium-hexacyanoferrat	Chemie	13, S. 30 f.
Photochemische Tinte	Chemie	13, S. 31
Photochemie mit Schablone		13, S. 31

Bezeichnung	Fachrichtung	Quelle(n)
Einige mögliche Versuche zum Energieaustrag		
Fortsezung: Bezug zu den optisch schaltbaren Gläsern		
Bildung von photochemischen Strukturen im System Eisen(III)-oxalat - Kalium-hexacyanoferrat durch Ersatz des Kalium-hexacyanoferrat durch o-Phenanthrolin	Chemie	13, S. 31
Herstellung einer Blaupause	Chemie	13, S. 31 f.
Photokonversion von Santonin	Chemie	13, S. 33
Photochromie von Triphenylformazan	Chemie	13, S. 34
Vereinfachte Synthese von Quecksilber(II)-dithizonat	Chemie	13, S. 34 f.
Demonstration der Photochromie von Quecksilber(II)-dithizonat	Chemie	13, S. 35
Schwarzfärbung einer Silbernitratlösung durch UV-Licht	Chemie	13, S. 35 f.
Photoreduktion von Methylenblau zu Leokomethylenblau	Chemie	13, S. 36
Photooxidation von an Zinkoxid adsorbierten Glycerin	Chemie	13, S. 36
Demonstration eines photosensiblen chemischen Reaktionssystems	Chemie	13, S. 37
Auflistung diverser Schulversuche zur Photochemie, Fluoreszenz, Phosporeszenz und Chemielumineszenz	Chemie	153, S. 4 ff.
Bezug zum Wärmetauscher		
Luft- Luft- Wärmetauscher	Physik	45

Tabelle 9: Auflistung von Versuchen für den naturwiss. Unterricht

Literaturverzeichnis:

[1] Atkins, Peter William; Jones, Loretta. Chemie – einfach alles. 2., überarbeitete und erweiterte Auflage. Wiley- VCH Verlag. Weinheim 2006.

[2] Bauer, Martin. Bindungsenergie. URL: http://www.uni-protokolle.de/Lexikon/Bindungsenergie.html [Zugriff am 03.05.2012].

[3] Baunetz Wissen Sonnenschutz. Schaltbare gasochrome Verglasung. URL: http://www.baunetzwissen.de/standardartikel/Sonnenschutz_Schaltbare-gasochrome-Verglasung_785432.html [Zugriff am 20.05.2012].

[4] Beckmann, Michael. Kreisläufe mit realen Gas (Dampf). URL: http://tu-dresden.de/die_tu_dresden/fakultaeten/fakultaet_maschinenwesen/iet/vws/Lehre/Vorlesung_Kraftwerkstechnik/04_CR-Prozess.pdf [Zugriff am 15.05.2012].

[5] Berge, Otto Ernst. Didaktische Apekte des Energiesparens. In: Naturwissenschaften im Unterricht – Physik 39 (1997). H. 8, S. 4- 6.

[6] Berge, Otto Ernst. Die thermische Nutzung der Solarenergie – physikalische Grundlagen. In: Naturwissenschaften im Unterricht – Physik 61 (2001). H. 12, S. 4- 11.

[7] Berge, Otto Ernst. Versuche zur Messung von k- Werten. In: Naturwissenschaften im Unterrricht - Physik 53 (1999). H. 10, S. 27- 33.

[8] Berge, Otto, Ernst. Transparente Wärmedämmung – Eine neue Möglichkeit passiver Sonnenergie- Nutzung. In: Naturwissenschaften im Unterricht – Physik 61 (2001). H. 12, S. 22- 25.

[9] Berge, Otto Ernst. Einfache Versuche zur Wärmedämmung. In: Naturwissenschaften im Unterricht – Physik 53 (1999). H. 10, S. 19- 22.

[10] BINE Informationsdienst. Phasenübergang puffert Wärme II. URL: http://www.bine.info/hauptnavigation/publikationen/publikation/latentwaermespeicher-in-gebaeuden/phasenuebergang-puffert-waerme-forts/ [Zugriff am 20.05.2012].

[11] BINE Informationsdienst. Licht und Wärme per Knopfdruck: schalt- und regelbare Verglasungen zur dynamischen Anpassung von solarer Strahlungsenergie und Lichtfluss. URL: http://www.solarserver.de/solarmagazin/anlagemaerz2003.html [Zugriff am 03.06.2012].

[12] Bosy, Bruno. Adsorptionswärmepumpe – Adsorptionskältemaschine. URL: http://www.haustechnikdialog.de/SHKwissen/511/Adsorptionswaermepumpe-Adsorptionskaeltemaschine [Zugriff am 16.05.2012].

[13] Brandl, H.. Faszinierende Versuche zur Photochemie. In: Praxis der Naturwissenschaften – Chemie in der Schule 41 (1992). H. 6, S. 29- 37.

[14] Braun, Peter; Marko, Armin. Thermische Solarenergienutzung an Gebäuden – für Ingenieure und Architekten. 1. Auflage. Springer Verlag. Berlin Heidelberg 1997.

[15] Brösicke, Wolfgang. Sonnenenergie – Wissen- Planen – Gewinnen. 1. Auflage. Verlag Technik. Berlin 2000.

[16] Butt, Regina.Was heißt eigentlich k-Wert – Experimente zum Thema Wärmedämmung. In: Praxis der Naturwissenschaften – Physik in der Schule 47 (1998). H. 4, S. 13- 17.

[17] Butt, Regina. Wärmedämmung – Ein aktuelles Thema für den Physikunterricht. In: Praxis der Naturwissenschaften – Physik in der Schule 36 (1987). H. 6, S. 22- 26.

[18] Depke, Klaus. Eine Wärmepumpe für den Physikunterricht. In: Praxis der Naturwissenschaften – Physik in der Schule 81. H. 12, S. 355 – 363.

[19] Direktor, Max. Die neuen Heizsysteme. Der Bauherr spezial – Hausbau leicht gemacht. 1. Auflage. Compact Verlag. München 2007.

[20] Disch, Rolf; SolarArchitektur. Was ist Plusenergie?. URL: http://plusenergiehaus.de/index.php?p=home&pid=8&L=0&host=1#a1 [Zugriff am 02.05.2012].

[21] Doering, Ernst; Schedwill, Herbert; Dehli, Martin. Grundlagen der Technischen Thermodynamik – Lehrbuch für Studierende der Ingenieurwissenschaften. 5., neubearbeitete Auflage. Teubner Verlag/ GWV Fachverlage GmbH. Wiesbaden 2005.

[22] Dpa. Regierung zwingt Häuslebauern strenge Regeln auf. URL: http://www.spiegel.de/wirtschaft/soziales/energiebestimmungen-fuer-neubauten-a-827147.html [Zugriff am 02.06.2012].

[23] Dürr, H.. Photochromie – Stand und Entwicklungstendenzen. In: Praxis der Naturwissenschaften – Chemie in der Schule 40 (1991). H. 4, S. 22- 27.

[24] Elsner, Norbert; Dittmann, Achim. Grundlagen der Technischen Thermodynamik- Band 1- Energielehre und Stoffverhalten. 8., grundlegend überarbeitete und ergänzte Auflage. Akademie Verlag. Berlin 1993.

[25] Elsner, Norbert; Fischer, Siegfried; Huhn, Jörg. Grundlagen der Technischen Thermodynamik- Band 2- Wärmeübertragung. 8., grundlegend überarbeitete und ergänzte Auflage. Akademie Verlag. Berlin 1993.

[26] Ernst, Dana Eva. Schulversuchspraktikum: Wärmepumpe- Kühlschrank. URL: http://schulen.eduhi.at/orgvbruck/NAWI/Stickstoff%20Theoretische%20Hintergr%FCnde/Waermepumpe_Kuehlschrank_Dana_.pdf [Zugriff am 15.05.2012].

[27] Falk, Hermann; von Lüpke, Dieter. Energie und Wohnen – ein Ratgeber für die Nutzung regenerativer Energien im Eigenheim. 1. Auflage. Deutscher Taschenbuch Verlag. München 1998.

[28] Feist, Wolfgang. Das Niedrigenergiehaus – Neuer Standard für energiebewusstes Bauen. 5., durchgesehene Auflage. Müller Verlag. Heidelberg 1998.

[29] Feldmeier, F.. Isolierglas – Eine physikalische Fundgrube. In: Praxis der Naturwissenschaften – Physik in der Schule 47 (1998). H. 4, S. 2- 12.

[30] Fischer, Konrad. Wärmedämmung im Vergleich. URL: http://www.konrad-fischer-info.de/2139bau.htm [Zugriff am 28.05.2012].

[31 Fischer, Konrad. Das Lichtenfelser- Experiment – ein Fake?. URL: http://www.konrad-fischer-info.de/21312bau.htm#FhG [Zugriff am 22.06.2013].

[32] Flint, Alfred; Leppin, Ines; Voß, Carsten; Freienberg, Julia, Evers, Reiner. Thermochromie – ein altes und neues faszinierendes Phänomen. In: Chemkon – Chemie konkret 15 (2008). H. 1, S. 19 – 24.
Fachliche Korrekturen: In: Chemkon – Chemie konkret 15 (2008). H. 2, S. 88- 89.

[33] Flint, Alfred; Johannsmeyer, Falko; Oetken, Marco. Thermochromie bei Kupferoxiden. In: Chemkon – Chemie konkret 8 (2001). H. 4, S. 183- 186.

[34] Fritzsche, Katrin; Duit, Reinders. Grundbegriffe der Wärmelehre – aus Schülervorstellungen entwickelt. In: Naturwissenschaften im Unterricht – Physik 60 (2000). H. 11, S. 22- 25.

[35] Gantner, Markus. Zeolith – Struktur und Eigenschaften. URL: http://daten.didaktikchemie.uni-bayreuth.de/umat/zeolithe/zeolithe.htm [Zugriff am 20.05.2012].

[36] Genbrok, Florian. Eisheizung – Heizen mit Eis. URL: http://www.eisheizung.com/ [Zugriff am 16.05.2012].

[37] geoENERGIE Konzept GmbH. Erdwärme- Sonden. URL: http://www.geoenergie-konzept.de/erdwaerme/wissenswertes/systemueberblick/erdwaerme-sonden.html [Zugriff am 16.05.2012].

[38] geoENERGIE Konzept GmbH. Flächenkollektoren. URL: http://www.geoenergie-konzept.de/erdwaerme/wissenswertes/systemueberblick/flaechenkollektoren.html [Zugriff am 16.05.2012].

[39] geoENERGIE Konzept GmbH. Brunnensysteme. URL: http://www.geoenergie-konzept.de/erdwaerme/wissenswertes/systemueberblick/brunnensysteme.html [Zugriff am 16.05.2012].

[40] Gesellschaft für Passive Alternative Bauweisen mbH. Das Nullenergiehaus/energieautarke Haus. URL: http://www.pab-nullenergiehaus.de/. [Zugriff am 30.04.2012].

[41] Göhring, Anja. Differenzierte Gruppenarbeit zu Energie und Energiesparen im Haushalt. In: Naturwissenschaften im Unterricht – Physik 101 (2007). H. 18, S. 31- 44.

[42] Graf, Erwin. Zum Energieaspekt bei chemischen Reaktionen – Eine Unterrichtskonzeption für das erste Unterrichtsjahr Chemie. In: Naturwissenschaften im Unterricht – Chemie 54 (1999). H. 10, S. 30- 33.

[43] Grimm, Heiner. Eigenschaften von Wasser in Tabellen. URL: http://www.wissenschaft-technik-ethik.de/wasser_eigenschaften.html#kap04 [Zugriff am 20.05.2012].

[44] Grob, Peter. Chemie der Baustoffe – Ein Stiefkind der Schulchemie. In: Naturwissenschaften im Unterricht – Chemie 32 (1996). H. 7, S. 48- 49.

[45] Hacker, German; Burzler, Stefan; Matem, Micha-A.; et. al. Der Luftwärmetauscher – ein Thema für den Physikunterricht aus der Bauphysik. URL: http://www.google.de/url?sa=t&source=web&cd=3&ved=0CC4QFjAC&url=http%3A%2F%2Fwww.phydid.de%2Findex.php%2Fphydid%2Farticle%2Fdownload%2F26%2F26&rct=j&q=Einfache%20Versuche%20zum%20W%C3%A4rmetauscher&ei=OENWToXKBIjIswadnvi_Cg&usg=AFQjCNFOmtIlBP3K0I-QuW7zmqm2B43YMg&cad=rja [Zugriff am 10.06.2012].

[46] Heckner, K.-H.. Intelligente Gläser im Energiemanagement von Gebäuden. URL: http://www.gesimat.de/data/ec_text.pdf [Zugriff am 28.05.2012].

[47] Heinrich, Günter; Najork, Helmut; Nestler, Walter. Wärmepumpenanwendung in Industrie, Landwirtschaft, Gesellschafts- und Wohnungsbau. 2., stark überarbeitete Auflage. VEB Verlag Technik. Berlin 1987.

[48] Heinrich, Günter. Prozessanalyse zur Einsatzvorbereitung von Wärmepumpen. DEWAG Leipzig Verlag. Leipzig 1980.

[49] Heizen mit Eis. ProSieben: Galileo- Sendung. Erstaustrahlung: 27.1.2011. URL: http://www.prosieben.de/tv/galileo/videos/clip/147519-heizen-mit-eis-1.2375002/ [Zugriff am 16.05.2012].

[50] Hepp, Ralph. Wärmepumpe und Kühlschrank – zu schwierig für den Physikunterricht?. In: Naturwissenschaften im Unterricht Physik 53 (1999). H. 10, S. 34-40.

[51] Hepp, Ralph. Schmelzen und erstarren – Projektorientierte Erarbeitung eines Themenbereichs der Thermodynamik mit Blick auf Anwendung in Natur und Technik. In: Naturwissenschaften im Unterricht Physik 115 (2010). H. 21, S. 16-19.

[52] Herweg, Heinz; Kautz, Christian H.. Technische Thermodynamik. 1. Auflage. Pearson Studium Verlag. München 2007.

[53] Hobein, Bettina; Lutz, Bernd. Versuche zur Mikroverkapselung. In: Phaxis der Naturwissenschaften – Chemie 36 (1987). H. 2, S. 20- 24.

[54] Huntemann, Heike; Baumann, Mark; Parchmann, Ilka; Schmidkunz, Heinz. Effiziente Energienutzung mit Latentwärmespeichern – Ein interessantes Thema für den Chemieunterricht. In: Chemkon – Chemie konkret 9 (2002). H. 2, S. 77- 85.

[55] Janzing, Bernward. Aktiv passiv. URL: http://www.spiegel.de/spiegel/print/d-50503712.html [Zugriff am 02.06.2012].

[56] JG Eisheizung GmbH. Solareis – Heizen mit Eis. URL: http://eisheizung-gmbh.npage.de/solareis.html [Zugriff am 16.05.2012].

[57] Kaltschmitt, Martin; Huenges, Ernst; Wolff, Helmut. Energie aus Erdwärme – Geologie, Technik und Energiewirtschaft. 1. Auflage. Deutscher Verlag für Grundstoffindustrie. Stuttgart 1999.

[58] Kerschberger, Alfred. Solares Bauen mit transparenter Wärmedämmung – Systeme, Wirtschaftlichkeit, Perspektiven. 1. Auflage. Bauverlag. Wiesbaden, Berlin 1996.

[59] Klaus, Heider; Warmuth, Werner. Elektrochome, gasochrome und thermotrope Schichten. URL: http://www.baufachinformation.de/kostenlos.jsp?sid=F86865AC0619D119D5D34BCDDABEC6BF&id=1998129015432&link=http%3A%2F%2Fretro.seals.ch%2Fcntmng%3Ftype%3Dpdf%26rid%3Dsbz-003%3A1998%3A116%3A%3A853%26subp%3Dhires [Zugriff am 20.05.2012].

[60] Knittel, Corinne. Wärmedämmung und wärmetechnische Kompaktheit von Gebäuden – Forschend- entdeckendes Lernen zu einem Aspekt der Energiethematik im Physikunterricht der Sekundarstufe I. In: Naturwissenschaften im Unterricht – Physik 115 (2010). H. 21, S. 12- 15.

[61] Koppelmann, G.; Golinski, R.. Glas – Eigenschaften, Anwendungen und Handversuche. In: Praxis der Naturwissenschaften – Physik in der Schule 39 (1990). H.7, S. 43- 46.

[62] Kraft, Alexander; Rottmann, Matthias. Intelligente Fenster und automatisch abblendbare Spiegel: Die Elektrochromie macht's möglich. URL: http://www.aktuelle-wochenschau.de/2006/woche13b/woche13b.html [Zugriff am 03.06.2012].

[63] Kordt, Pascal. Effiziente Energienutzung durch Wärmespeicherung. URL: http://www.google.de/url?sa=t&rct=j&q=praktische%20anwendungen%20von%20w%C3%A4rmespeichern%2C%20haus&source=web&cd=3&ved=0CDkQFjAC&url=http%3A%2F%2Fwww.gymnasium-damme.de%2Ffachbereich-c%2FChemie%2FFacharbeit%2520Pascal%2520Kordt.doc&ei=Gq3FUf74EcfZswbE0ICQDQ&usg=AFQjCNHyQUqDUDjRa99-X-Ei5lDUlRtNEg&bvm=bv.48293060,d.Yms&cad=rja [Zugriff am 22.06.2013].

[64] Leipertz, Alfred. Wärme- und Stoffübertragung. 1. Auflage. Verlget von ESYTEC Energie- und Systemtechnik GmbH. Erlangen 2003.

[65] Lemke, R.. Thermochromie und Solvatochromie. In: Praxis der Naturwissenschaften – Chemie in der Schule 38 (1989). H. 6, S. 36- 44.

[66] Lindemann, Helmut; Ritter, Stefan; Schmidkunz, Heinz. Salzhydrate als Latentwärmespeicher. In: Chemkon – Chemie konkret 6 (1999). H. 1, S.7- 10.

[67] Lindner, Eberhard. Chemie für Ingenieure. 9. Auflage. Lindner Verlag. Karlsruhe 1991.

[68] Lohr, Alex; Behnsen, Jörg; Molitor, Klaus; Willbold-Lohr, Gabi. Ein Informationspaket – Energie- und umwelt- bewusstes Bauen mit der Sonne. 3. Auflage. TÜV Rheinland Verlag. Köln 1993.

[69] Luboschik, Ulrich. Ein Informationspaket – Solare Wärme – Vom Kollektor zur Hausanlage. 1. Auflage. TÜV- Verlag. Köln 2003.

[70] Lutz, Bernd. Das System Zeolith – Wasser – ein Modell zur Energiespeicherung für den Unterricht. In: Naturwissenschaften im Unterricht – Chemie 54 (1999). H. 10, S. 12- 14.

[71] Maier, Hanna. Physikalisch- technische Grundlagen für die Nutzung von Erdwärme und Photovoltaik – Analyse der Umsetzung am Beispiel Wohnhaus. Staatsexamensarbeit. Universität Rostock 2010.

[72] Mallek, Edith. Physikalische Chemie in der Schule – Examensarbeit. Grin Verlag. Gießen 2006.

[73] Marek, Rudi; Nitsche, Klaus. Praxis der Wärmeübertragung – Grundlagen – Anwendungen – Übungsaufgaben. 2., aktualisierte und erweiterte Auflage. Hanser- Verlag. Leipzig, München 2010.

[74] Mascheck, Hans- Joachim. Wärmelehre und Wärmewirtschaft – Band 24 – Grundlagen der Wärme- und Stoffübertragung. 1. Auflage. VEB Deutscher Verlag für Grundstoffindustrie. Leipzig 1979.

[75] Mehling, Harald. Latentwärmespeicherung: „Neue Materialien und Materialkonzepte". URL: http://www.fvee.de/fileadmin/publikationen/Workshopbaende/ws2001-2/ws2001-2_05.pdf [Zugriff am 20.05.2012].

[76] Meier, Claus. Dämmstoff im Vergleich. URL: http://download.dimagb.de/docs/meier/lichtenfels.pdf [Zugriff am 29.05.2012].

[77] Melle, Insa; Flintjer, B.; Jansen, W.. Chemische Energetik – Neues experimentelles Konzept zur Behandlung in der gymnasialen Oberstufe. In: Praxis der Naturwissenschaften – Chemie in der Schule (1993). H. 2, S. 5- 14.

[78] Melle, Insa; Baur, Veronika; Gerlach, Simone; Hesselink, Björn. Energie und nachwachsende Rohstoffe als Thema in der Oberstufe. In: Mathematischer und Naturwissenschaftlicher Unterricht 52 (1999). H. 7, S. 414 – 421.

[79] Metzger, S.. Verstehen wir unsere Chemiekollegen?! – Energetik im Chemieunterricht. In: Praxis der Nturwissenschaften – Physik in der Schule 54 (2005). H. 3, S. 7-12.

[80] Metzger, H. C.. Energiesparen durch Wärmedämmung – Schülerversuch zur Bestimmung der k- Werte verschiedener Materialien. In: Praxis der Naturwissenschaften – Physik in der Schule 45 (1996). H. 6, S. 34- 36.

[81] Meyer, Jan. Wärmepumpen Kreisprozess. URL: http://www.effiziente-waermepumpe.ch/wiki/W%C3%A4rmepumpen_Kreisprozess [Zugrif am 15.05.2012].

[82] Möller, Olav. Ersatzkältemittel. URL: http://www.treffpunkt-kaelte.de/kaelte/de/de_start.html?/kaelte/de/html/kaeltemittel/07ersatz.html [Zugriff am 16.05.2012]

[83] Moser, Peter; Moll, Wolfgang. Elektrochemische Energiespeicherung. URL: http://www.aktuelle-wochenschau.de/2006/woche12b/woche12b.html [Zugriff am 20.05.2012].

[84] Muckenfuß, Heinz. Was wird denn da gespart? – Ein Vorschlag zur Veranschaulichung von Energieumsätzen. In: Naturwissenschaften im Unterricht – Physik 53 (1999). H. 10, S. 14- 18.

[85] Müller, W.; Wilke, H.-J.. Die Erdwärme als eine nachhaltige Energiequelle für Deutschland. In: Praxis der Nturwissenschaften – Physik in der Schule 56 (2007). H. 4, S. 5-11.

[86] Müller, R. Die Zukunft von Europas Energieversorgung. In: Praxis der Naturwissenschaften – Physik in der Schule 60 (2011). H.1, S.4.

[87] N.N.. Theoretischer Teil. URL: http://www.google.de/url?sa=t&rct=j&q=r744%20k%C3%A4ltemittel&source=web&cd=6&ved=0CK4BEBYwBQ&url=http%3A%2F%2Fduepublico.uni-duisburg-essen.de%2Fservlets%2FDerivateServlet%2FDerivate-11861%2Ff_Theoretische%2520Teil.doc&ei=h3fcT_ChBs7ktQb7leT3DQ&usg=AFQjCNESBuNa8FtcC5pwsXHd79RRLBRY1Q&cad=rja [Zugriff am 16.05.2012].

[88] N.N.. Was ist eigentlich Silicagel?. URL: http://www.hobby-photo.de/shop/pg43.htm [Zugriff am 20.05.2012].

[89] N.N.. Block 3 – Latentspeicher. URL: http://www.enob.info/fileadmin/media/Publikationen/EnOB/StatusseminarThermEspeicherung_teil3.pdf [Zugriff am 20.05.2012].

[90] N.N.. Wärmespeicherung mit oder ohne Aggregatzustandsänderung. URL: http://www.wuestenbaum.de/energie/mit_ohne_zustandsaenderung.html [Zugriff am 20.05.2012].

[91] N.N.. Block 4 – Thermochemische Speicher. URL: http://www.enob.info/fileadmin/media/Publikationen/EnOB/StatusseminarThermEspeicherung_teil4.pdf [Zugriff am 20.05.2012].

[92] N.N.. Richtig lüften. URL: http://www.test.de/Energie-sparen-Jetzt-handeln-Kosten-senken-1394601-1396813/ [Zugriff am 28.05.2012].

[93] N.N.. Lüftung mit Wärmerückgewinnung. URL: http://www.energiesparen-im-haushalt.de/energie/bauen-und-modernisieren/hausbau-regenerative-energie/energiebewusst-bauen-wohnen/emission-alternative-heizung/lueftungsanlage.html [Zugriff am 28.05.2012].

[94] N.N.. Wechelwirkung von Strahlung mit Glas und Glasbeschichtungen. URL: http://archiv.ub.uni-heidelberg.de/volltextserver/volltexte/2002/2101/pdf/Kapitel_02.pdf [Zugriff am 29.05.2012].

[95] N.N.. Physikalische Praktikum - Wirkungsgrad einer Wärmepumpe. URL: http://www.ieap.uni-kiel.de/surface/ag-berndt/lehre/aprakt/teil-1/waepu.pdf [Zugriff am 10.07.2012].

[96] Nashan, Mika; Freienberg, Julia; Wittstock, Gunther. Farbeffekte auf Knopfdruck. In: Chemkon – Chemie konkret 14 (2007). H. 4, S. 189- 191.

[97] Nitsch, Joachim. Die weltweite Energieversorgung und ihre Zukunft. In: Praxis der Naturwissenschaften – Physik in der Schule 60 (2011). H. 1, S. 5- 10.

[98] N.N.. Sonne speichern: Thermochemische Wärmespeicher als Perspektive für autarke Solarheizung, Fernwärmesysteme und solare Trocknungsanlagen. URL: http://www.solarserver.de/solarmagazin/anlagejuni_2001.html [Zugriff am 25.06.2013].

[99] Latentwärmespeicher. URL: http://www.sonne-heizt.de/Download/Latentwaermespeicher0402.pdf [Zugriff am 25.06.2013].

[100] Oberpaul, Petra. Physikalische Chemie. URL: http://www.google.de/url?sa=t&rct=j&q=ii.3.%20probleme%20im%20einsatz%20von%20pcms&source=web&cd=1&ved=0CE4QFjAA&url=http%3A%2F%2Fdaten.didaktikchemie.uni-bayreuth.de%2Fumat%2Flatentwaermesp%2Flatentwaermespeicher.doc&ei=_vfiT_2hEJHBswbotajBBg&usg=AFQjCNHw4b84sHNVN1WwUaGPXDhVCAMDdQ&cad=rja [Zugriff am 20.05.2012].

[101] Oertel, Dagmar. Energiespeicher – Stand und Perspektiven. URL: http://www.tab-beim-bundestag.de/de/pdf/publikationen/berichte/TAB-Arbeitsbericht-ab123.pdf [Zugriff am 20.05.2012].

[102] Oertel, Dagmar. Energiespeicher - Sachstandsbericht zum Monitoring »Nachhaltige Energieversorgung«. URL: http://www.tab-beim-bundestag.de/de/publikationen/berichte/ab123.html [Zugriff am 20.05.2012].

[103] Pab-Varioplan GmbH. Das Nullenergiehaus – Nullenergiehäuser. URL: http://www.energiesparhaus-in.de/nullenergiehaus.html [Zugriff am 02.05.2012].

[104] Pelte, Dietrich. Die Zukunft unserer Energieversorgung – eine Analyse aus mathematisch- naturwissenschaftlicher Sicht. 1. Auflage. Vieweg + Teubner Verlag/ GWV Fachverlage GmbH. Wiesbaden 2010.

[105] Pfeifer, Peter; Schmidkunz, Heinz. Reaktionsenthalpie als Basis für Wärmespeicher. In: Naturwissenschaften im Unterricht – Chemie 116 (2010). H. 21, S. 46- 48.

[106] Pregizer, Dieter. Grundlagen und Bau eines Passivhauses. 2., neu bearbeitete und erweiterte Auflage. Müller Verlag. Heidelberg 2007.

[107] Purkarthofer, Gottfried. Sorptionsspeicher – Langzeitspeicherung von Wärme mit hohen Energiedichten. URL: http://www.aee-intec.at/0uploads/dateien14.pdf [Zugriff am 20.05.2012].

[108] Quaschning, Volker. Regenerative Energiesysteme – Technologie – Berechnung – Simulation. 7., aktualisierte Auflage. Hanser Verlag. München 2011.

[109] Rahmenplan – Chemie – Sekundarstufe II. Baden Württemberg. URL: http://www.bildung-staerkt-menschen.de/service/downloads/Bildungsplaene/Gymnasium/Gymnasium_Bildungsplan_Gesamt.pdf [Zugriff am 03.05.2012].

[110] Rahmenplan – Chemie – Sekundarstufe II. Bayern. URL: http://www.isb-gym8-lehrplan.de/contentserv/3.1.neu/g8.de/index.php?StoryID=26195&PHPSESSID=bf0e14c408301263324cafe06bcda4a8 [Zugriff am 03.05.2012].

[111] Rahmenplan – Chemie – Sekundarstufe II. Berlin, Brandenburg und Mecklenburg-Vorpommern. URL: http://www.berlin.de/imperia/md/content/sen-bildung/unterricht/lehrplaene/sek2_chemie.pdf?start&ts=1283429171&file=sek2_chemie.pdf [Zugriff am 03.05.2012].

[112] Rahmenplan – Chemie – Sekundarstufe II. Bremen. URL: http://www.lis.bremen.de/sixcms/media.php/13/CHE_GyQ_2008.21705.pdf [Zugriff am 03.05.2012].

[113] Rahmenplan – Chemie – Sekundarstufe II. Hamburg. URL: http://www.hamburg.de/contentblob/1475194/data/chemie-gyo.pdf [Zugriff am 03.05.2012].

[114] Rahmenplan – Chemie – Sekundarstufe II. Hessen. URL: http://www.kultusministerium.hessen.de/irj/HKM_Internet?cid=48a34f21388de135d056cf8266b8b151 [Zugriff am 03.05.2012].

[115] Rahmenplan – Chemie – Sekundarstufe II. Niedersachsen. URL: http://db2.nibis.de/1db/cuvo/datei/kc_chemie_go_i_2009.pdf [Zugriff am 03.05.2012].

[116] Rahmenplan – Chemie – Sekundarstufe II. Nordrhein - Westfalen. URL: http://www.standardsicherung.schulministerium.nrw.de/lehrplaene/upload/lehrplaene_download/gymnasium_os/4723.pdf [Zugriff am 03.05.2012].

[117] Rahmenplan – Chemie – Sekundarstufe II. Rheinland - Pfalz. URL: http://naturwissenschaften.bildung-rp.de/fileadmin/user_upload/chemie.bildung-rp.de/Rechtsvorschriften/Lehrplan_MSS_Chemie.pdf [Zugriff am 03.05.2012].

[118] Rahmenplan – Chemie – Sekundarstufe II. Saarland. URL: http://www.saarland.de/dokumente/thema_bildung/CHspEinfphFeb2006.pdf

http://www.saarland.de/dokumente/thema_bildung/CHmnEinfphFeb2006.pdf

http://www.saarland.de/dokumente/thema_bildung/CH-GOS-Feb2008.pdf [Zugriff am 03.05.2012].

[119] Rahmenplan – Chemie – Sekundarstufe II. Sachsen. URL: http://www.sachsen-macht-schule.de/apps/lehrplandb/downloads/lehrplaene/lp_gy_chemie_2011.pdf [Zugriff am 03.05.2012].

[120] Rahmenplan – Chemie – Sekundarstufe II. Sachsen- Anhalt. URL: http://www.bildung-lsa.de/pool/RRL_Lehrplaene/chemgyma.pdf [Zugriff am 03.05.2012].

[121] Rahmenplan – Chemie – Sekundarstufe II. Schleswig- Holstein. URL: http://lehrplan.lernnetz.de/index.php?wahl=119 [Zugriff am 03.05.2012].

[122] Rahmenplan – Chemie – Sekundarstufe II. Thüringen. URL: http://www.schulportal-thueringen.de/web/guest/media/detail?tspi=1439 [Zugriff am 03.05.2012].

[123] Ranft, Fred; Frohn, Bernhard. Natürliche Klimatisierung. 1. Auflage. Birkäuser Verlag. Basel 2004.

[124] Rincke, Karsten. Physik rund um den Kühlschrank. In: Naturwissenschaften im Unterricht - Physik 105/106 (2008). H. 19, S. 48-54.

[125] Röhr, Caroline. Zeolithe. URL: http://ruby.chemie.uni-freiburg.de/Vorlesung/silicate_8_9.html [Zugriff am 20.05.2012].

[126] Rudolph, Carsten. Entwicklung einer Methode zur Suche nach Kristallisationsinitiatoren für Salzhydratschmelzen mittels High-Throughput-Screening. Dissertation. URL: http://webdoc.sub.gwdg.de/ebook/diss/2003/tu-freiberg/archiv/html/ChemieRudolphCarsten,_Manfred,_Alfred137909.pdf [Zugriff am 20.05.2012].

[127] Rybach, Johannes. Physik für Bachelors. 1. Auflage. Hanser Verlag. München 2008.

[128] Sächsische Energieargentur – SAENA GmbH. Kies- Wasser- Speicher. URL: http://www.abwaermeatlas-sachsen.de/Technologien/Technologien/Direkte-Waermenutzung/Waermespeiche/Kies-Wasser-Speicher.html [Zugriff am 20.05.2012].

[129] Schach, R.. Energiespeichersysteme für Gebäude. URL: http://www.ct-ifm.de/tl_files/ctifm/downloads/projekte/projekte_2010/energiespeichersysteme.pdf [Zugriff am 22.06.2013].

[130] Schmidkunz, Heinz. Die thermische Energiespeicherung – und deren Bearbeitung im Unterricht. In: Naturwissenschaften im Unterricht – Chemie 54 (1999). H. 10, S. 4- 7.

[131] Schmidkunz, Heinz. Salzhydrate als chemische Wärmespeicher. In: Naturwissenschaften im Unterricht – Chemie 54 (1999). H. 10, S. 15- 18.

[132] Schmidkunz, Heinz; Venke, Sabine. Wärmespeicher als Thema für den Chemieunterricht. In: Naturwissenschaften im Unterricht – Chemie 116 (2010). H. 21, S. 2- 5.

[133] Schmidkunz, Heinz; Venke, Sabine. Sorptionsspeicher – Wie man mit Wasser Wärme erhält. In: Naturwissenschaften im Unterricht – Chemie 116 (2010). H. 21, S. 36- 40.

[134] Schmidkunz, Heinz. Gitterenergie als Wärmequelle. In: Naturwissenschaften im Unterricht – Chemie 116 (2010). H. 21, S. 32- 35.

[135] Schmidkunz, Heinz. Salzhydrate als Wärmespeicher – Ein Stundenentwurf nach dem Forschend- entwickelnden Unterrichtsverfahren. In: Naturwissenschaften im Unterricht – Chemie 32 (1996). H. 7, S. 22- 25.

[136] Schmidkunz, Heinz. Salzhydrate als Wärmespeicher. In: Naturwissenschaften im Unterricht – Chemie 116 (2010). H. 21, S. 20- 23.

[137] Schmidt, Manfred; Hertel, Günter. Praxis energieeffizienter Gebäude – Leitfaden für sachverständige Beurteilung. 1. Auflage. Huss Verlag. Dresden 2008.

[138] Schneider, Herbert. Sachverständiger für Glas im Bauwesen. URL: http://www.glas-sachverstand.de/ [Zugriff am 20.05.2012].

[139] Schormann, J.; Priemer, B.. Der „Knickwärmer" im naturwissenschaftlichen Unterricht – Schülerexperimente mit Latentwärmespeichern. In: Praxis der Naturwissenschaften – Physik in der Schule 57 (2008). H. 8, S. 26- 31.

[140] Schossig, Peter. Wärme- und Kältespeicherung - Stand der Technik und Perspektiven. URL: http://www.schattenblick.de/infopool/umwelt/industri/uine1422.html [Zugriff am 20.05.2012].

[141] Schossig, Peter. Latentwärmespeicher – Niedertemperatur. URL: http://www.enob.info/fileadmin/media/Veranstaltungen/Dateien/3_Latentspeicher.pdf [Zugriff am 20.05.2012].

[142] Schossig, Peter. Wärmespeicher für die Hausenergieversorgung. URL: http://www.fvee.de/fileadmin/publikationen/Themenhefte/th2005/th2005_06_01.pdf [Zugriff am 22.06.2013].

[143] Schröder, Daniela. Schöner Wohnen im Kraftwerk. URL: http://www.spiegel.de/wirtschaft/service/energie-aus-dem-haus-schoener-wohnen-im-kraftwerk-a-803621.html [Zugriff am 02.06.2012].

[144] Scuffil, A.. Das Niegriegenergiehaus – Eine Unterrichtseinheit für die Sekundarstufe I. In: Praxis der Naturwissenschaften – Physik in der Schule 47 (1998). H. 4, S. 30- 36.

[145] Sgoff, Dieter; Salzner, Jens; Bader, Hans Joachim. Warm im Winter, Kühl im Sommer – Latentwärmespeicher im Bauwesen. In: Naturwissenschaften im Unterricht – Chemie 116 (2010). H. 21, S. 11- 15.

[146] Sgoff, Dieter; Bader, Hans Joachim. Wände als Wärmespeicher – Modellversuche zu neuen Baustoffen. In: Chemkon – Chemie konkret 11 (2004). H. 2, S. 66- 68.

[147] Sicherheitsdatenblatt nach Richtlinie 2001/58/EWG Kältemittel R407C. URL: http://www.gasco.de/documents/DE/MSDS_R407C.pdf [Zugriff am 16.05.2012].

[148] Sicherheitsdatenblatt nach Richtlinie 2001/58/EWG Kältemittel R410A. URL: http://www.gasco.de/documents/DE/MSDS_R410A.pdf [Zugriff am 16.05.2012].

[149] Stiebel, Eltron. Kohlendioxid als Kältemittel für Wärmepumpe. URL: http://www.hausbautipps24.de/heiztechnik/warmepumpen/kohlendioxid-als-kaltemittel-fur-warmepumpe.html [Zugriff am 16.05.2012].

[150] Synwoldt, Christian. Mehr als Sonne, Wind und Wasser – Energie für eine neue Ära. 1. Auflage. Wiley- VCH Verlag. Weinheim 2008.

[151] Tamme, Rainer; Schaube, Franziska. Thermische Energiespeicher – Übersicht und Ausblick. In: Naturwissenschaften im Unterricht – Chemie 116 (2010). H. 21, S. 6- 10.

[152] Tausch, Michael W.. Ungleiche Gleichgewichte. In: Chemkon – Chemie konkret 3 (1997). H. 3, S. 123- 127.

[153] Tausch, M. W.. Photochemie – aktuelle Bedeutung und Möglichkeiten der Integration in den Chemieunterricht. In: Praxis der Naturwissenschaften – Chemie in der Schule 40 (1991). H. 4, S. 2- 10.

[154] Veith, Heinz. Grundkurs der Kältetechnik. 10., überarbeitete und erweiterte Auflage. VDE Verlag. Berlin 2011.

[155] Völker, Conrad. Untersuchungen hinsichtlich des Einflusses von PCM auf die Raumlufttemperatur. Diplomarbeit. URL:

http://www.google.de/url?sa=t&rct=j&q=verkapselung%20von%20pcm%2C%20versuchs
anleitungen%2C%20experimente&source=web&cd=7&ved=0CD8QFjAG&url=http%3A
%2F%2Fe-pub.uni-
weimar.de%2Fopus4%2Ffiles%2F663%2FDiplomarbeit_C._Voelker.pdf&ei=JhZJT4uwIc
Ko0AXZ3fGyDg&usg=AFQjCNFj46u4nyJeBhiiXClERL3TPppUSg&cad=rja [Zugriff am 20.05.2012].

[156] Volkmer, Martin. Heizenergie sparen mit dem Brennwertkessel. In: Naturwissenschaften im Unterricht Physik 53 (1999). H. 10, S. 41 – 44 und 51.

[157] Volkmer, Martin. Energien bei Änderung des Aggregatzustandes. In: Naturwissenschaften im Unterricht Physik 99/100 (2007). H. 18, S. 80 - 82.

[158] Weber, Walter. Chemische Energetik. 1. Auflage. Aulis Verlag Deubner & Co KG. Köln 1981.

[159] Weißenhorn, Rudolf G.. Experimentelle Einführung in die chemische Energetik. In: Praxis der Naturwissenschaften – Chemie in der Schule (1980). H. 3, S. 73 – 81.

[160] Windisch, Herbert. Thermodynamik – ein Lehrbuch für Ingenieure. 2., verbesserte Auflage. Oldenbourg Verlag. München 2006.